U0094966

Terroir : Coffee from Seed to Harvest

從種子到果實，一顆咖啡豆的誕生

咖啡

風土學

氣候與土壤等環境因素，再加上種植技術，
為咖啡農地創造了獨有的環境，或稱為風土。

Jem Challender

傑瑞米・查倫德　著

魏嘉儀　譯

「從產地到餐桌、從種子到杯中」這不論是農藝學或園藝學者，皆已經倡議多年的主題，我們並不陌生。然而真正能夠100%實踐這樣哲學的農園產品，咖啡是其中的典範。本書是實踐「慢食精神」的最佳體現，帶你尋訪咖啡的全生命週期，決不容錯過。

——林哲豪（台灣咖啡研究室計畫主持人）

From Seed to Cup！這本《咖啡風土學》帶你從種子開始，深入了解風土對於咖啡風味的影響，帶領咖啡農、烘豆師到相關從業人員，重新認識咖啡的本質與美好！

——咖啡大叔（百萬烘豆師）

咖啡專書已有不少探討沖煮、烘焙甚至尋豆，也不乏探討咖啡品種、栽種、田間管理、病蟲害、採收後製過程影響等等的論文，卻沒有一本書專門討論咖啡的風土，當BH出版《咖啡風土學》的英文原書時，我毫不猶豫購入，這是一本探討風土如何決定咖啡豆特色與品質的專書，我建議大家把它當作工具書，先大約翻過，有必要再細讀，例如蔭下栽種，確實對品質有正向影響，而關於品種選擇，請參考安娜貝拉的專訪（她也是我的好友，瓜地馬拉 Santa Felisa 的園主），講到試種、收穫、適應的過程，而不是一窩蜂導入流行的品種。這本書會在意想不到的時刻，提供極有價值的資訊。

——許寶霖（歐舍咖啡）

Contents

前言

初認識傑瑞米・查倫德（Jeremy Challender），其實是透過一間位於澳洲雪梨的咖啡生豆貿易公司 Condesa。我們很快就開始相互交換關於衣索比亞咖啡的想法與資訊。傑瑞米為墨爾本的咖啡教學組織 Barista Hustle（BH）撰寫咖啡學術課程。Barista Hustle 主要著重於咖啡師的技術訓練，不過傑瑞米近期開始製作關於咖啡生豆與產地的課程，而衣索比亞就是其探討咖啡產地的焦點。身為阿拉比卡咖啡的原生地與基因多元的中心，不論是咖啡產業內或產業外，衣索比亞都擁有豐富且多彩的咖啡故事等待分享。

雖然風土的概念在葡萄酒產業已有十分深入的探討，然而咖啡領域對此卻知之甚少。衣索比亞當地咖啡品種與農業生態多樣性的結合，便有助於我們為咖啡「風土」定義。本書即針對咖啡樹與風土各元素之間進行全面討論的第一本書。而書中種種關於原產地、多樣性、環境、生產、品質，以及氣候變遷潛在影響等討論，皆大量提及衣索比亞。

自第一株「咖啡之母」的咖啡樹在衣索比亞西南部的森林生長，咖啡種子便開始向該國的各咖啡產區廣布。部分未經破壞的森林至今依舊深藏著野生咖啡樹。森林咖啡區的人類干預為零或近乎於零。然而，經過時間的推移，以及高度人類活動的影響，部分野生森林咖啡區已轉變為半森林咖啡生產系統。來自森林咖啡與半森林咖啡生產系統的種子，經過傳播便創造出了田園與大型莊園咖啡生產系統。

衣索比亞的森林（forest）、半森林（semi-forest）、田園（garden）與大型莊園（plantation）咖啡生產系統，為國際市場提供了各式品質類型的咖啡。不同類型咖啡生產系統的差異，主要在於人類干預程度、基因多樣性，以及耕作（種植）方式。

說到衣索比亞咖啡，除了能想到其令人驚嘆的風味，當然還有遺傳基因的多元，以及面積遼闊咖啡產區。例如，以產區哈拉（Harar）咖啡聞名的衣索比亞東部特色就是乾燥的氣候；此處屬於田園咖啡生產系統，鮮少具備樹蔭，也缺乏水與養分等資源。另一方面，分別以西達瑪（Sidama）與耶加雪菲（Yirgacheffe）咖啡

著名的田園咖啡產區西達瑪與蓋迪歐（Gedeo）則完全相反。產區谷吉（Guji）等多處半森林咖啡產區，相較於類似生產系統的吉瑪（Jimma）、利姆（Limu）、季洛（Gera）與彭加（Bonga）等衣索比亞西南部產區，也擁有獨具一格的特色。各個咖啡產區的海拔高度、降雨情況（降雨量與降雨分布）、土壤類型、咖啡品種、文化樹木管理方式、遮蔭程度等種種影響因素，皆彼此迥異。咖啡生產系統的差異，再加上眾多農業種植方式，種種原因都讓衣索比亞成為廣納多元咖啡風土之境。

維持全球各地咖啡風土多元的可能性始終受到質疑，尤其是針對衣索比亞。氣候變遷與多變程度的影響力之強，也足以左右不同咖啡品種在不同產地環境的適應潛力。在傑瑞米帶著我們縱覽數篇科學研究之後，他在本書結尾也討論了咖啡產地因氣候變遷將面臨哪些無可避免的影響。

當全球咖啡產業皆紛紛朝向尖端精品咖啡領域演化與擴張的同時，不論是正在咖啡領域學習的學生或咖啡農人，本書都可謂是及時且珍貴的資源。提供了咖啡種植類型的基本知識、咖啡生長的影響因素、促進咖啡樹生長的必要措施，以及各種生物與非生物的咖啡生長影響因素。

萬分感謝傑瑞米不倦的努力，以及為本書注入的大量咖啡知識與資源。

——格圖‧貝寇爾（Getu Bekele），《衣索比亞咖啡品種指南》（*A Reference Guide to Ethiopian Coffee Varieties*）

全書概述

　　傑出的咖啡源自咖啡樹的基因型，以及其周遭的風土。氣候與土壤等環境因素，再加上種植技術，為咖啡農地創造了獨有的環境，或稱為風土。影響咖啡樹生長過程的某些環境因素更是無法改變，例如海拔高度。某些則是能夠轉換，例如土壤養分，但通常都必須具備巨額資本。

　　為了清楚描繪咖啡農地管理經濟方面的輪廓，以及釐清哪些風土層面會影響咖啡樹的身形、尺寸等等特性，我們訪問了許多科學家、農藝學家與生豆商。本書主要著重在了解風土如何決定了咖啡豆的特色，以及收成的成功與否。並介紹維持咖啡永續耕作與創造一杯傑出咖啡，包含哪些各位可以掌控的因素，以及哪些可以依循的步驟。本書每一章都是由一系列的專有名詞展開，並以重點整理作結。

　　就讓我們從非洲大陸展開這場探索吧！

衣索比亞

的咖啡產地

北部
安哈拉

本尚古勒—
古姆茲

西南部

瓦列加

伊魯

吉馬利姆

特比

卡法

班奇瑪吉

南裂谷

裂谷

北裂谷

耶加雪菲

西達瑪

谷吉

貝爾

哈拉

東哈拉格

西哈拉格

阿爾希

中東部
高地

東南部

咖啡種植簡介

在衣索比亞西南部，即使是旱季，雲朵也幾乎總是盤旋在潮濕的熱帶山林上空。阿拉比卡咖啡就是在這類「雲霧林」之中生長的林下植物（understory plant，位於森林樹冠與地表之間）。生長在濃密森林風土的林下咖啡樹，產量遠低於充足陽光之下成長的咖啡樹。而當地傳統規範了森林中何處與何人能夠採收咖啡豆。

雖然許多植物學家皆認為衣索比亞西南部與南蘇丹的古老森林，正是阿拉比卡咖啡的源頭，但確切起源地點的相關爭論至今未消。咖啡生豆的全球貿易最初發生在十六世紀的阿拉伯半島與摩卡港（Port of Mocca，今日的葉門）。咖啡分類學重要學者，英國皇家植物園（邱園，Royal Botanic Gardens, Kew）的亞倫．戴維斯博士（Dr Aaron Davis）認為，咖啡跨越紅海[1]的傳播過程其實是雙向。咖啡從非洲中心漸漸傳播至葉門，隨著時間的演進，慢慢有了新的基因型分支，成功適應葉門更乾燥的風土，以及較貧瘠的土壤。而這些品種也終於在某一天帶著一定程度的改良，又回到了衣索比亞與南蘇丹。

為什麼是「*Coffea arabica*」，而不是「*Coffea aethiopica*」？

1753 年，植物分類學始祖卡爾．林奈（Carl Linnaeus）的歸檔錯誤，讓咖啡自此與阿拉伯結下了難分難解的連結。當時，林奈已決定以他的新植物分類系統將咖啡命名為 *Coffea (C.)*。但是，在他的鉅著《植物種誌》（*Species Plantarum*）中，關於咖啡的段落加上了「*arabica*」（源自「阿拉伯」）一詞。他在多年後曾在《Potus Coffea》一書試著糾正此錯誤，但覆水難收。他便將咖啡命名為 *Coffea arabica*（依其命名系統之規則，字母 C 為大寫，字母 a 為小

1　Koehler, J. (2016). *Where the Wild Coffee Grows: The Untold Story of Coffee from the Cloud Forests of Ethiopia to Your Cup.* Bloomsbury USA, 108.

寫），而不再是 *Coffea aethiopica*。《植物種誌》的影響力之大，至今許多人依舊認為咖啡源自阿拉伯。

就連目前已知關於咖啡的最古老文獻，賈吉理（Abd al-Qadir al-Jaziri）於 1558 年發表的《咖啡合法性的最佳辯詞》（*The Best Defense for the Legitimacy of Coffee*）之中，也將阿拉伯視為咖啡的故鄉。直到 1769 年，蘇格蘭探險家詹姆斯．布魯斯（James Bruce）的旅途來到卡法（Kaffa），歐洲人才首度觸及阿拉比卡咖啡真正起源的證據。然而，布魯斯帶回的資訊被報導得過於不可思議，因此遭到多數人的忽視。

同樣經歷了類似的分類學家筆誤的另一個咖啡物種，則是羅布斯塔（*Coffea canephora*）。雖然羅布斯塔咖啡作物在全球咖啡產量的占比仍舊約 40%，但相較於大多數其他品項，此物種廣受歡迎的程度可謂飛竄上升。[2] 雖然早在 1880 年剛果就已經有商業種植的 *Coffea canephora*，但科學界直到 1897 年才開始了解此物種。十九世紀末，*Coffea canephora* 的種子由剛果來到了比利時。[3] 而布魯塞爾的 L. Linden 園藝公司將這些種子命名為 *Coffea robusta*。不久後，這些種子販售到了爪哇島，羅布斯塔咖啡在島上生長良好，並對二、三十年前摧毀當地阿拉比卡咖啡園的咖啡葉鏽病（coffee leaf rust）有良好抗性。這種顯著的「強健」特性，也再度強化「羅布斯塔」（robusta）成為 *Coffea canephora* 的永久別名。

本書採訪的農人與農藝學家都主要專注於阿拉比卡咖啡的生產。然而，儘管並非特別美味，但羅布斯塔咖啡與賴比瑞亞咖啡（*Coffea liberica*）的及時引入，讓育種者多了十分實用的基因材料。尤其是阿拉比卡與羅布斯塔的雜交品種，有助於維持阿拉比卡咖啡在許多邊緣地區的生產。

2 International Coffee Organization (2018). Trade Statistics.

3 Söndahl, M. R., and H. A. M. van der Vossen (2005). *The Plant: Origin, Production and Botany*. In: Illy, A., and R. Viani (eds.) *Espresso Coffee: The Science of Quality (2nd ed.)*. Elsevier Academic Press, 22.

雖然人們普遍認為羅布斯塔是強韌且善抗病的作物，但絕大多數會侵襲阿拉比卡咖啡的害蟲與疾病，也都很容易影響羅布斯塔咖啡。在現今受到氣候變遷影響的世界中，阿拉比卡與羅布斯塔咖啡，以及由兩者培育出的雜交品種都必須精心照顧，才能在適合咖啡生產的特定地區茁壯成長。

今日的咖啡產業

全球咖啡生產主要掌握在大約一億名小農手中。[4] 因此，種植咖啡的「民生價值」極大。在衣索比亞，農業生產約有 95% 源自 1,200 萬個小農家庭，更占據了全國就業的 85%。

當地咖啡主要是「田園咖啡」，也就是田中尚有種植其他作物。衣索比亞的咖啡僅有 5% 的產量採收自大型莊園。[5] 部分生產來自一種稱為半森林的農林種植方式，其中部分樹木會經過修枝，部分森林樹冠修剪得更稀疏；以此調節植物需要的光照，以增加產量。另外，部分衣索比亞咖啡則是採收自當地的森林地區。

某些地區的咖啡種植於巨型咖啡莊園，園內包括高度自動化的農業技術，尤其是機械化採收與篩選及分級。世上規模最大的咖啡產國就是巴西，阿拉比卡咖啡產量的全球占比約為 40%。然而，儘管該國採用現代農業技術，仍有 350 萬的人口依賴咖啡為生。其中部分地區的風土條件並不適合高度自動化。

隨著全球暖化加劇，適合生產咖啡的風土預計將移到海拔更高之處，也就是「上坡潛力」，以及緯度更低的地方。我們將在第五章詳細討論。

4 Vega, F. E.; Rosenquist, E.; and W. Collins (2003). Global project needed to tackle coffee crisis. *Nature 425*,343. doi.org/10.1038/425343a

5 Koehler, J. (2016), 87.

位於巴西咖啡莊園的現代
採收機械。

專訪：格圖·貝寇爾
衣索比亞高原的雲霧林

咖啡育種專家與咖啡品質分析師格圖·貝寇爾，合著有極具開創與啟發的《衣索比亞咖啡品種指南》。

Barista Hustle（以下簡稱 BH）： 在大多數森林中，咖啡都可稱為主要的優勢林下植物嗎？或是與其他物種有激烈的競爭關係？

格圖·貝寇爾（以下簡稱 GB）： 森林咖啡生產系統是衣索比亞廣受歡迎的系統之一。此系統最著稱的就是深藏其中的野生咖啡樹，其中的咖啡基因多元程度高於其他生產系統（例如半森林、田園，以及大型私人農地〔通常稱為大型莊園〕）。不過，咖啡並非主要的林下植物。多數森林下層有著各式樹種，造成了彼此激烈競爭。

BH： 森林中，咖啡樹的分布密度通常為何？

GB： 森林附近社群對於咖啡樹的管理干預程度，對咖啡樹分布密度的影響很大。干預程度最低之處，咖啡樹會密集生長。另一方面，周圍社群容易

到達的森林區域中，咖啡樹便分布得較為稀疏。

BH： 咖啡樹是否會偏好特定類型的森林樹冠？在樹木經過修枝或大樹倒下的樹冠間隙區域，咖啡樹的生產表現更好嗎？

GB： 咖啡天生就是一種喜歡遮蔭環境的植物。遮蔭有助於咖啡樹延長壽命，以及拉長產量穩定的生產年數。因此，森林樹冠的性質能左右特定咖啡品種的基本生產潛力。關於咖啡林蔭，已有許多研究探討。理論上，最理想的穩定生產模式之遮蔭程度，是能讓 20% 的光線穿透的森林樹冠。相較於在密集樹冠之下或完全開拓農地，在這類遮蔭程度之下生長的咖啡樹能有更好的表現。

BH： 有任何農人會在森林種植咖啡嗎？農人又是如何選擇種植於森林的咖啡品種？

GB： 法律上，居住在森林附近的當地社群不可將自家品種（不論是咖啡或

其他植物）引入森林種植。不過，在半森林與田園等其他生產系統中，農人或當地社群可以種植自行引入的植物。

BH：農人在森林之外種植的「田園咖啡」，以及在森林之內生長的咖啡有何不同？

GB：生長於田園與森林生產系統的咖啡品種，分別擁有不同的特性。主要的差異就是外觀的形態（生理）。森林系統的咖啡樹能成長為老樹。而森林之中年輕的咖啡樹，身形通常會較長，主要／次生／三生側枝較少。此外，森林咖啡樹的產量通常較低，而田園咖啡樹則恰恰相反。

BH：相較於生長在森林之外地區的咖啡樹，農林混合耕作能做到的咖啡樹疾病防護是更多？還是更少？

GB：由於咖啡是一種喜愛遮蔭的植物，所以當咖啡種植於無遮蔭或森林之外的地區，接受到的非生物性／生物性逆境壓力程度會十分嚴峻。光照程度決定了葉片與收成之間的比例關係。無遮蔭的開放農地擁有非常高的收成量，使得葉片（食物來源）與作物收成（食物消耗）的比例出現明顯失衡。這種情形將導致咖啡樹因過度生產而枯死。因此，農林混合耕作是不二選擇，既能確保咖啡樹的健康，又能讓產量維持年年穩定。

BH：為何衣索比亞咖啡帶有如此濃郁的花香？是風土條件、基因型或包含了許多因素？

GB：咖啡的品質可以說是十分複雜，它受到基因、環境及兩者交互作用的控制。衣索比亞以身為咖啡起源與遺傳多元的核心地帶而聞名。該國擁有眾多咖啡品種，即濃郁花香的原因之一。另一個原因則是多元農業生態（環境／風土）與不同品種交互作用之下，可能創造了範圍寬廣的風味。多數衣索比亞咖啡都是以其花香／果香／辛香料等風味聞名，尤其是來自耶加雪菲、谷吉、西達瑪、季洛與安菲洛（Anfilo）的咖啡。

第一章
咖啡種植

光合作用與細胞呼吸

　　所有生命的運作都仰賴一種稱為葡萄糖（glucose）的簡單糖類。葡萄糖能夠藉由**細胞呼吸**（cellular respiration）提供生物能量；葡萄糖同時也是形成許多其他化合物的重要關鍵之一。為了將二氧化碳與水轉換成葡萄糖，植物會利用葉子捕捉日光的能量，此過程就稱為**光合作用**（photosynthesis）。

　　光合作用正是所有有機化合物的源頭，這些能量絕大多數都投注於維繫地球上的生物生存。光合作用的副產品之一，就是氧氣。地球大氣層絕大多數的氧氣，都是來自光合作用。

　　植物葉片含有**葉綠素**（chlorophyll），這種綠色物質能夠吸收紅色與藍色波長的光線。葉綠素會反射綠光，這也是為何葉片在我們眼中會呈現綠色。當葉綠素分子吸收了單一一個光子時，就會同時釋放出單一一個電子，並啟動產生葡萄糖的反應。

　　葉綠素包裹在一種叫做**葉綠體**（chloroplasts）的**細胞胞器**（organelles，細胞內的特化構造）之中。葉綠素在葉綠體之中，儲存在一疊疊形狀如同綠色煎餅的**葉綠層**（thylakoids）。一疊疊煎餅狀的葉綠層外膜之上，就是光合作用反應之處。這裡也是我們呼吸所需的氧氣生產出來的地方。

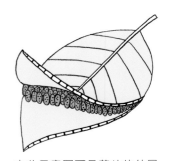

由此示意圖可見葉片的外層（稱為表皮）撕開，露出下方的植物葉片細胞，這些細胞包含著葉綠體。

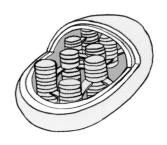

葉綠體之中的葉綠層。

葡萄糖製作配方

　　植物需要二氧化碳（CO_2）與水（H_2O），才能產生葡萄糖。葡萄糖（$C_6H_{12}O_6$）的組成成分為碳、氫與氧。

$$6\ CO_2 + 6\ H_2O \rightarrow C_6H_{12}O_6 + 6\ O_2$$

　　植物可以直接從空氣擷取進行光合作用所需的二氧化碳。植

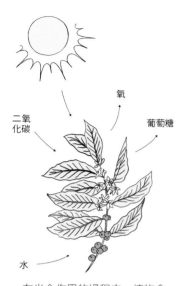

在光合作用的過程中，植物會從吸收空氣中的二氧化碳及土壤中的水，並將兩者結合形成葡萄糖。同時釋放出副產品氧氣。

物的莖或葉片表皮有微小的孔洞，稱為氣孔（Stomata），氣孔能讓二氧化碳擴散進入植物之內。另一方面，植物的根則可以從土壤吸收光合作用所需的水。接著，具有束狀毛細管的木質部能將水運輸至整株植物。

光反應

　　光合作用的第一步驟就是光反應，此時，葉綠素分子會吸收光子，並利用此能量釋放受激電子（e）。電子會接著傳遞至一系列的分子與酶，分子與酶則利用電子產生兩種攜帶能量的分子：ATP（三磷酸腺苷）與 NADPH（菸鹼醯胺腺嘌呤二核苷酸磷酸）。為了補充失去的電子，葉綠素會進一步分解水分子，接著吸收電子並釋放氧氣（O_2）與氫離子（H^+）：

$$2H_2O \rightarrow O_2 + 4H^+ + 4e^-$$

　　然後，ATP 與 NADPH 會進入暗反應，稱為卡爾文循環（Calvin cycle）。

卡爾文循環

　　卡爾文循環是一系列的反應，利用光反應產生帶有能量的分子 ATP 與 NADPH，將二氧化碳「固定」或同化成有機分子。接著，攜帶能量的分子 ATP 與 NADPH 會讓系列反應進入下一階段。

　　1 個分子的二氧化碳（CO_2）與 RuBP（核酮糖雙磷酸，擁有 5 個碳原子的分子）發生反應。再增加 1 個碳原子之後，便產生 2 個 GA3P（甘油醛 -3- 磷酸）分子，各自含有 3 個碳原子。循環中

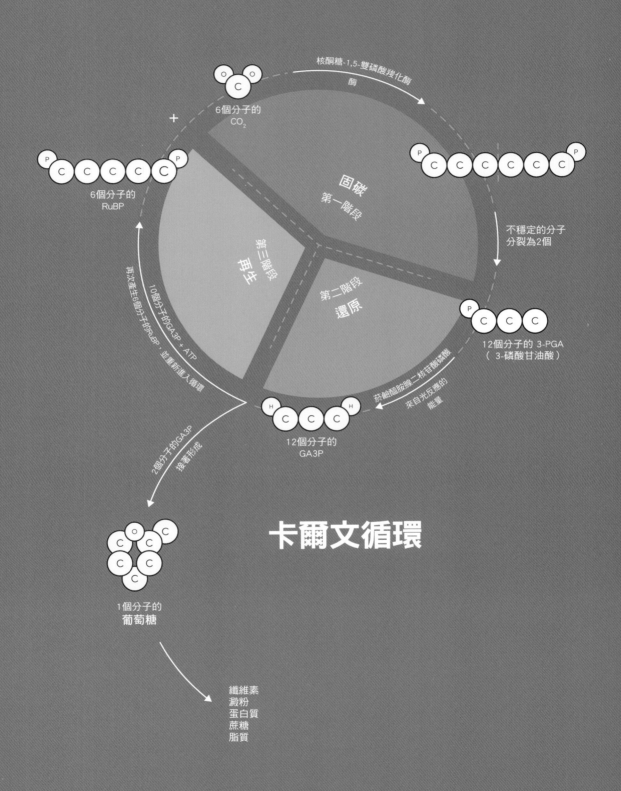

卡爾文循環

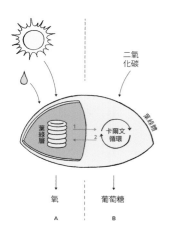

光合作用包含兩個部分：「光反應」（A）與卡爾文循環或稱為「暗反應」（B）。光反應產生的帶能量分子（ATP與NADPH）會成為卡爾文循環的動力（1），並在能量耗盡時，再度循環至光反應（2）。

每產生 6 個 GA3P 分子，就會將其中 5 個分子用於再生 RuBP。5 個分子的 GA3P（各自含有 3 個碳原子）能產生 3 個分子的 RuBP（各自含有 5 個碳原子）。第 6 個 GA3P 分子則用於產生葡萄糖。產生 1 個分子的葡萄糖（含有 6 個碳原子），需要 2 個分子的 GA3P。

植物如何利用葡萄糖

光合作用產生的葡萄糖，能為植物所有其他細胞運作提供能量。如同之前提到的，木質部會將水與礦物質運輸至葉片，並用於光合作用。植物會利用第二種維管束（稱為韌皮部），把葡萄糖運送到需要養分的地方。木質部與韌皮部就像是埋在植物莖與葉片中的「血管」。

呼吸與能量

當葡萄糖與氧結合，並產生可利用的細胞能量時，就是進行呼吸作用。呼吸作用會產生攜帶能量的分子 ATP 與 NADPH，並促使細胞成長與其他功能運作。二氧化碳與水則是呼吸作用的副產品。由於呼吸作用會消耗光合作用產生的葡萄糖與氧，並釋放二氧化碳、水與能量，因此也許可以將呼吸作用視為光合作用的「相反」。

$$C_6H_{12}O_6 + 6\,O_2 \rightarrow 6CO_2 + 6H_2O$$
$$\searrow \text{能量（ATP + NADPH）}$$

呼吸作用發生在粒線體（mitochondria，細胞內的特殊構造），幾乎所有植物與動物的細胞都含有粒線體。

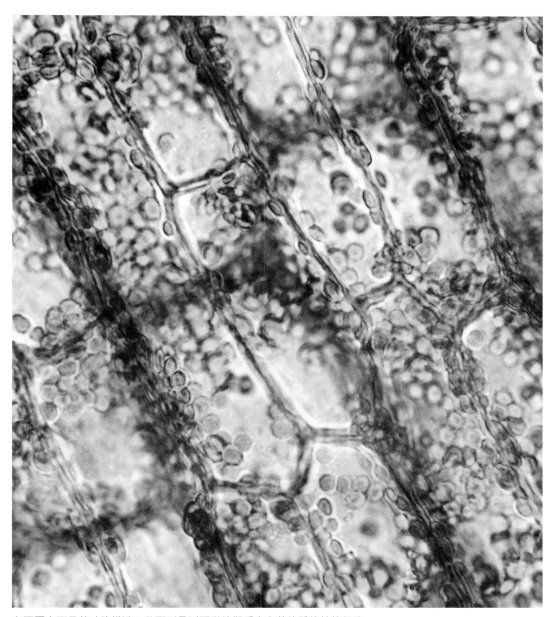

左頁圖中可見葉片的構造；此頁則是以顯微鏡觀看含有葉綠體的植物細胞。

建材般的葡萄糖

　　植物將葡萄糖當作呼吸作用的能量來源。另外，植物也會利用葡萄糖製造複雜的碳水化合物，例如澱粉與纖維素，以及一系列其他分子：

　　纖維素以長長的直鏈葡萄糖分子組成。它們能彼此結合成綿長且強壯的纖維。這些纖維讓圍在植物細胞外圍的細胞壁堅固且強壯。人類無法消化纖維素，我們食物中的纖維物質大部分都是由纖維素組成。

　　雖然咖啡豆中的纖維素會在烘焙過程被碳化，但細胞壁的結構大致保留完好。其結構能決定咖啡豆研磨過程的破碎方式。細胞較小的咖啡豆往往會比較堅硬且緻密。另外，部分纖維素會在烘焙過程中分解成檸檬酸。[6]

　　澱粉是由許多葡萄糖分子聚合的許多支鏈。每一條支鏈末端都可以視需要再添加或去除葡萄糖分子。因此，澱粉就如同一種葡萄糖儲存分子。所有植物細胞都含有澱粉，除了果實、種子、根莖、塊莖，以及準備下一個生長期來臨的樹枝末端周遭。咖啡豆幾乎不含有任何澱粉或僅微量。[7]

　　蛋白質——植物會結合葡萄糖與土壤中的硝酸鹽，並形成氨基酸，也就是組成蛋白質的「最小單位」。硝酸鹽是以一分氮與三分氧組成。大自然的土壤就含有硝酸鹽，主要由細菌與雷擊產生。若是為土壤添加有機物（堆肥）或化學肥料形式的硝酸鹽，能大大加速植物生長。

　　蛋白質內的硫原子是咖啡香氣分子的重要成分。例如，一種有機化合物硫醇（mercaptans）就是咖啡熟豆經典香氣的來源。

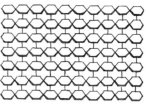

纖維素纖維

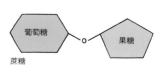

蔗糖

右頁
來自英國皇家攝影學會（The Royal Photographic Society）的顯微照片。可見到顯微鏡之下咖啡豆細胞的模樣。其中細胞壁藍灰色的部分就是由纖維素組成。

6　Nakabayashi, T. (1978).　烘焙產生之蔗糖的有機酸形成。*Journal of the Japanese Society of Food Science and Technology(Nippon Shokuhin Kogyo Gakkaishi)*, 25, 257-261.

7　Flament, I. (2002). *Coffee Flavor Chemistry.* John Wiley & Sons. 20

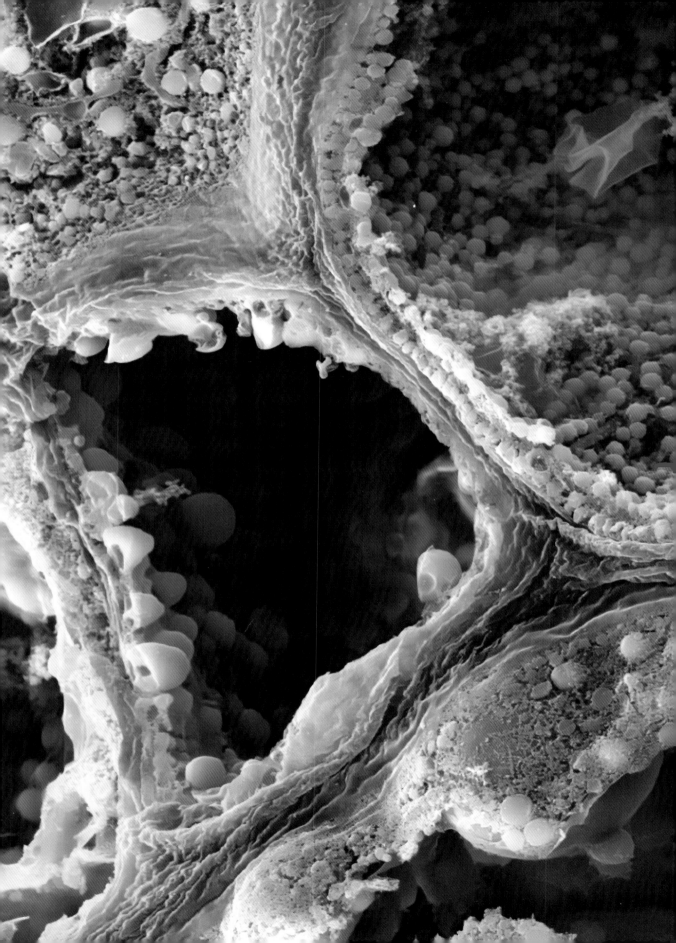

蔗糖——葡萄糖可以轉化成果糖，果糖再與一個葡萄糖分子就會形成蔗糖。蔗糖是一種讓成熟果實嘗起來甜甜的的糖類，能吸引動物吃食，進而向外傳播成熟的種子。

　　在烘焙咖啡豆的過程中，蔗糖會被分解，進而產生焦糖化與梅納反應（Maillard reactions），並因此產生許多讓咖啡擁有複雜風味的分子。另外，蔗糖也有助於產生有機酸，包括乙酸（acetic acid）與乳酸（lactic acid）。

　　脂質——葡萄糖也會轉化成脂質（俗稱脂肪）。脂質是一種儲存在植物種子裡的能量濃縮形式，能幫助幼苗成長。

　　咖啡豆內的脂質包括萜烯類（terpenes），是許多人們認為十分理想的風味特質（例如檸檬烯）的來源，也提供了部分咖啡豆內有益健康的成分。

甘油　　　　脂肪酸

脂質是由三個脂肪酸與一個甘油分子結合而成。脂肪酸的「尾巴」為長碳鏈，並儲存了濃縮的能量。

海拔與緯度——平衡的藝術

　　在原生環境中，阿拉比卡咖啡僅生長於海拔 1,000 ～ 2,000 公尺之間。不過，海平面至海拔高達 2,800 公尺的範圍內都能找到咖啡園。[8] 阿拉比卡咖啡的種植範圍之所以有限，主要是因為此品種對於霜凍的耐受度相對較低：氣溫長時間處於 4℃ 以下，咖啡樹將無法生存。另外，由於阿拉比卡咖啡對於真菌病原也較為敏感，因此在微生物較能蓬勃繁衍的低海拔地區，此品種的種植成功率也有限。

　　阿拉比卡咖啡的成功種植與否，取決於海拔高度與緯度之間的微妙平衡。根據**農藝學家**（agronomist）李奧納多・亨奧（Leonardo Henao），白日氣溫處於 17 ～ 23℃，最適合咖啡樹進行新陳代謝，促進種子的糖分儲存，也是獲得優質產量與絕佳風味

8　Schmitt, C. B. (2006). Montane rainforest with wild Coffea arabica in the bonga region (SW Ethiopia): Plant Diversity, Wild Coffee Management and Implications for Conservation. *Cuvillier Verlag*, 4.

的關鍵。「這是咖啡樹進行細胞修復的氣溫」亨奧說,「也代表它們一整天都會忙著工作,吸收營養,在種子裡裝進大量礦物與水。」在這個氣溫範圍之外時,咖啡樹其實大多處於「睡眠」狀態。若是位於溫暖的熱帶地區,理想的海拔—緯度平衡則大多落在海拔 1,000 ～ 2,000 公尺。

　　阿拉比卡咖啡也能種植於熱帶之外的地區,但適合的風土條件大多位於低緯度地區。例如澳洲的拜倫灣(Byron Bay)周遭,此處的亞熱帶氣候因靠近海洋,而有助於防止霜凍。因海水溫度的轉變速度遠遠低於陸地;將 1 公斤水溫度上升 1℃ 需要的太陽能,大約是 1 公斤岩石上升 1℃ 所需能量的五倍。

特定咖啡物種之野生海拔分布範圍。

專訪：威廉・布特
高海拔地區的咖啡種植

威廉・布特（Willem Boot）是巴拿馬波奎特（Boquete）地區的高海拔藝妓咖啡品種（*Geisha*）種植先驅。他的咖啡園 Finca Sofia 擁有中美洲咖啡農地海拔第一高之稱。布特也透過其所成立的學院布特咖啡（Boot Coffee），成為一位頗具影響力的咖啡教育家。值得一提的是，2004 年他以咖啡評審的身分，見證了藝妓咖啡的再次發現。

Barista Hustle（以下簡稱 BH）：你的咖啡園 Finca Sofia 的海拔高度為何？

威廉・布特（以下簡稱 WB）：落在 1,900 ～ 2,150 公尺之間。

BH：我們發現許多研究顯示咖啡的酸度會隨著種植地的海拔上升而提高。在你的咖啡園，採收自海拔較低地塊的咖啡豆，酸度是否真的明顯低於海拔較高處的咖啡豆？

WB：我從來沒有實際測量或比較過，但我想兩者的酸度差異應該會滿明顯。

BH：在波奎特地區，相較於低海拔地區的咖啡農地，高海拔農地受到各種病原的影響為何？必須針對葉鏽病噴藥嗎？

WB：我們完全沒有任何葉鏽病的煩惱，但在面對海拔較高與氣候較寒冷等條件之下，則會遇到枯枝病（dieback，徵兆就是當樹葉尖端開始轉黑）等問題。

BH：高海拔地區的昆蟲會比較少嗎？

WB：會。

BH：這會為咖啡樹帶來益處或壞處？

WB：據我所知，沒有。

BH：相較於較低海拔的咖啡農地，你的高海拔農地的土壤類型或土壤養分是否有明顯不同？

WB：未必。咖啡農地在種植咖啡樹之前的用途，往往是由土壤肥沃度所決定。我們的咖啡園曾經一度有養牛，所以部分地塊的土壤有被壓實。

BH：你們有受到高海拔地區紫外線輻射日益漸增的影響嗎？

WB：確實有。新種植的咖啡樹受到的衝擊又更大。擁有足夠的遮蔭至關重要。另一方面，當咖啡樹進入需要直接日照的開花期，能否撤掉遮蔭也至關重要。

BH：針對飽受霜凍威脅的咖啡農地，你是否有任何降低霜凍風險的建議措施？

WB：可以在咖啡樹周邊種植快速生長的非侵入植物。這些植物也許有助於稍微提升咖啡樹周圍的氣溫。

BH：藝伎品種是否擁有什麼獨特之處，讓它能順利適應高海拔的生長？

WB：藝伎品種的風味在海拔較高之處會被放大，遠遠超過其他品種。不過，並沒有其他證據顯示其咖啡樹在山區的生長狀態更好。藝伎的根部結構較差，無法充分抵抗風吹的影響——換句話說，就是超大麻煩，尤其是較高海拔之處！

專訪：路茲・羅伯托・桑塔哈
高海拔地區的咖啡種植

為了了解海拔高度另一端的種植狀態，我們專訪了巴西農人、咖啡品質鑑定師（Q grader）與巴西精品咖啡代表性品牌 Capricornio Coffees 的總監路茲・羅伯托・桑塔哈（Luiz Roberto Saldanha）。他的咖啡園 Fazenda California 位於南回歸線以南的巴拉那州（Paraná）。巴拉那曾位居巴西咖啡種植的核心，但由於 1970 年代歷經數次嚴重霜害，造成重大損失，因此咖啡生產逐漸北移集中於密納斯吉拉斯州（Minas Gerais）周遭，此處較不易受到氣候影響。

BH：請問你的咖啡園 Fazenda California 的海拔範圍與緯度為何？

下圖：路茲・羅伯托・桑塔哈與家人。

LRS：我們的海拔範圍是 600 ～ 750 公尺，緯度則是南緯 23.25°。

BH：我們知道此地區曾經是巴西咖啡的主要產地，但在 1975 年的「黑霜害」之後，咖啡生產便逐漸北移。你認為現今的氣候變遷，是否會讓此地區的氣候變得比較不容易受到霜凍威脅？在對抗霜凍風險時，你有什麼防範措施？

LRS：1975 年，我們歷經了一場十分極端的氣候事件。紀錄中也曾有比 1975 年更嚴重的事件，例如 1911 或 1912 年的霜害。當時的氣溫比 1975 年更低，不過因為那時種植的咖啡樹數量還沒有很多，因此造成的損害不似

1975 年那般巨大。隨後，咖啡成為巴拉那州十分重要的作物，更是巴西全國與該州的主要輸出產品。1975 年的氣候事件對經濟造成近乎毀滅性的傷害，因為咖啡樹進入生長穩定並能夠生產，必須花費十分長的時間。咖啡豆並非大豆、玉米或小麥等一年生作物。這類作物也會面臨霜害，也會造成作物損失，但都能在災害過後馬上再度種植。開闢一片咖啡農地的投資成本十分高昂，一旦面臨損失，就是會重大災難。而霜害使得咖啡樹死亡的方式，即大規模毀滅性的。

咖啡園 Fazenda California 曾經屬於美國集團 Leon Anisio。我曾與一位他們的老管理員聊過，他說幾位參與過巴拉那州西南部水力發電廠建設的工程師曾經來訪。既然有龐大的水力發電廠，就代表有一座巨大的湖泊。工程師表示，這般巨量的水體可能會改變冷鋒進入巴拉那州的模式。現今，一旦冷鋒是由南方而來，就會接著向西移動前往阿根廷、巴拉圭，甚至是巴西境內巴拉那州北方的南馬托格羅索州（Mato Grosso do Sul）。但冷鋒不會來到巴拉那北皮奧內羅（Norte Pioneiro do Paraná）這裡。

在巴西的冬季，冷鋒侵襲摩吉安納高地（High Mogiana）與南密納斯（South Minas）並造成損害的情況並不罕見，但巴拉那州相反，因為這類冷鋒來自南方的大陸地塊，並因為那

座巨大湖泊而朝西傾。另一方面,如果冷鋒是由海洋進入,根據角度的不同會深入大陸地塊,前往摩吉安納高地、南密納斯,或甚至是榭哈布(Sehab),但不會來巴拉那。所以,地處南部不代表發生嚴重霜害的機率就一定比較高,這就是原因。

某些措施能避免霜凍的危害。首先,可種植防風林以阻擋寒風,因為超低溫冷風可能造成損傷。再者,冬季必須除去雜草,因為日光能加熱土壤,土壤進一步加熱空氣。因此,一旦雜草眾多,冬季的土壤溫度就會較低,夜間氣溫也就會較快下降。

第三種有效措施就是增加植物汁液的鹽分濃度。到了冬季,我們每 15～20 天就會噴灑次碳酸鉀,如此一來植物汁液的凝固點就會降低 2～3℃。這個作法真的很有效,因為大多數的霜凍不會達到真正的超低溫。多數霜凍的氣溫大約落在 0～-1℃,因此讓植物汁液凝固點僅下降 1、2 或 3℃,就能形成巨大差異。第四種作法是在咖啡園裡留下一些樹木,不過因為我們咖啡園的位置很南邊,所以對我們來說則是有些棘手。樹木可以阻擋土壤在夜間輻射出的紅外線,它的功能就像是能儲存熱量的雲朵,防止溫度下降得太快。不過,若是樹木在白天會遮蔽陽光,整體而言就並非百分之百都有益。

第五種方式則是灌溉……,可以在灌溉水中增加鹽分濃度。最後,當咖啡樹還處於年幼時期(一或兩歲)可以在冬天時以土壤覆蓋,保護幼樹免受霜凍或寒冷的傷害,到了春天,再將樹上的土壤移除。

BH:相較於位處海拔更高的咖啡農地,Fazenda California 咖啡園的氣壓較高。你有觀察到身在氣壓較高及大氣較濃密的咖啡樹,生長表現有所不同嗎?

LRS:不同氣壓造成的影響之一:植物周圍的大氣愈厚(或是氣柱愈厚),咖啡豆的生長就會愈困難。另一方面,氣壓愈高,就代表二氧化碳的濃度愈高,這點對於植物種植十分有益:能

長出更多充滿活力的植物。大致而言，海拔較低且氣壓較高的環境，會產出比較軟的咖啡豆。咖啡豆的篩網（尺寸）會較小且密度較低。海拔愈高，咖啡豆的密度也會愈高。

BH：觀察生長在較高海拔的品種，例如藝伎，可能會看到某些加諸於植物的壓力能提升咖啡的風味。你認為呢？

LRS：想一想咖啡的源頭產地——衣索比亞與肯亞。咖啡最初先是在大約西元前 500～600 年被帶到了葉門，它們在毫無遮蔭的氣候環境度過了很長的時間，並隨著歲月漸漸變得與原產地的咖啡樹不同，而這些植物現在已經可以在全球大多地區種植。它們的某些植物學與生理學方面，依舊能在部分遮蔭的環境下生長，但我們必須記得，這已經不是咖啡樹原始的基因特性。

另一方面，藝伎等咖啡品種依舊十分古老，它們就如同許多源自衣索比亞野生物種一樣懷有原始基因型。這類

咖啡樹需要更接近原產地的環境條件：更多遮蔭與遠遠更低的氣溫，也就是高海拔擁有的環境條件。所以，我不會說是高海拔的生存壓力增進咖啡豆的風味，而是藝伎等特定基因型（也就是野生基因型）需要更接近原產地環境的生長條件。

BH：有沒有哪些品種在低海拔地區的表現較好？

LRS：這不僅僅關乎於海拔。海拔與品質之間確實有直接的正相關，但其實高海拔並非種出高品質咖啡豆的原因。提升品質的因素其實是降低溫度。

談到阿拉比卡咖啡，我們必須記住兩個溫度：12℃——公認的阿拉比卡咖啡基本氣溫。22～23℃——是最大淨光合作用的最佳溫度，當溫度更低，植物將幾乎停止新陳代謝。另外，我們也要記得，離赤道愈遠，降低氣溫所需的海拔高度就會愈低。由於地球傾角，這些地區在秋季與冬季（果實成熟期）能接收到的能量遠遠更少。我們的咖啡園距離赤道十分遙遠，低

溫主要落在秋季與冬季。

赤道地區的情形則完全不同，太陽每年都會分別在秋季與春季橫跨赤道線。赤道附近南北兩邊的地區能接收到遠遠更多的能量，因此必須以更高的海拔降低氣溫，甚至還得用一些遮蔭阻擋部分紫外線。所以，重點並非在於低海拔，而是「哪裡的低海拔？」靠近赤道的低海拔，例如哥倫比亞的海拔 600 公尺處，與南迴或北迴歸線的海拔 600 公尺處，便截然不同。巴拉那這邊則是果實成熟期的氣溫很低。

以我們的環境條件而言，蒙多諾沃（*Mundo Novo*）品種生長得非常好，而卡杜艾（*Catuaí*）與歐巴塔（*Obatã*）……，現在我們還有了來自巴西的新品種阿拉拉（*Arara*）。某些巴西咖啡農人也正在引進一些不同的品種（雜交種）。巴西當局針對外國咖啡植株有相當嚴格的保護政策，引進的難度很高，所以我們依賴的是巴西當地培育的咖啡基因。此措施的原因之一，是保護巴西咖啡基因避免受到來自其他

國家的疫病或疾病污染。基本上，這不能說是低海拔的品種。而是進行品種的調整，讓咖啡樹有適當的時間與能量使咖啡豆成熟，以及擁有良好的溫差，讓日間能進行淨光合作用，夜間的低溫能降低儲存糖與有機酸的新陳代謝。這就是認識咖啡農地環境的關鍵——海拔與緯度的交互關係。我們的目標是選擇合適的品種，能在一年中的特定時期成熟，並能達到成熟與採收的最佳條件。

BH：假設一位密納斯吉拉斯州的咖啡農人必須搬到巴拉那州，必須改變種植方式嗎？

LRS：巴拉那州的氣候屬於亞熱帶氣候。對我們來說，亞熱帶氣候代表我們擁有四個季節。這與擁有六個月雨季與六個月旱季的赤道地區或熱帶氣候不同。巴拉那州因為屬於亞熱帶氣候，所以幾乎全年有雨。在採收期與後採收期，我們的氣候與中美洲某些高地相似，氣溫十分低、濕度非常高，並且時常出現陰天。最大的差異是在巴拉那的春天花季——我們擁有

巨大的溫差且多風。這是一段過渡時期，再加上此處靠近南邊，風量相當高；這也是山區的特色之一。巴西的山區、巴西與中美洲的高原，這些地區的溫差相當高、風大且花季病害眾多。因此，需要截然不同的耕作方式。到了夏天，我們會接收到許多能量——高雨量與高溫，氣候變得接近低海拔地區，就像是熱帶氣候。這是極佳的植物營養期。不過，也必須在營養、疫病與疾病，以及雜草管理方面，投入大量的技術與專業處理。

進入秋季（成熟期）時，因為部分採收期可能會落在雨期，這些區域便必須特別留意：維護咖啡豆的結構與果皮及果肉；增加鈣與硼的營養度，以保持細胞壁的完整，並避免出現不良發酵；盡可能保持葉片面積，以避免降雨的影響；果蠅與蟎管理，因為無論果皮受到何種損傷，一旦加上雨水，都會如同為不良發酵與疾病敞開大門。必須精心照料，才能在成熟期得到完美的果實。再者，在採收期與後採收期，都必須深知這段時間十分短暫，必須經過多次揀選式採收，盡

可能達到最高的果實收成量。必須掌握後採收期之技術，並深知溫度較低。收成的果實是濕的，而乾燥十分困難，必須擁有濕處理（wet mill）與乾燥方面的優質基礎設備，以確保產出高品質咖啡豆。

因此，我們的咖啡園坐落在充滿挑戰又具備極高潛力的地區，必須擁有高度適應力與專業管理能力。

坡度與坡向

地球以 23°26' 的傾角繞著太陽運行，代表一年中有某段時間北半球比較靠近太陽，而另一段時間換成南半球比較靠近太陽。因此，也有了不同季節之間緩慢地來回擺盪：夏季與冬季。農人可以利用此現象增加植物接收的太陽輻照度。例如，若是你的咖啡園位於山區，就能藉由坡度改變地球與太陽的相對角度。這也是為何在某些葡萄酒產區，某些坐落在向陽山坡的葡萄園會稍稍更受重視一些——它能獲得更多的太陽輻照，為植物提供更多能量，讓果實風味更棒。

透過簡單的三角函數，就能看出太陽角度的變化會降低有效陽光的接收。位於北迴歸線的咖啡農地會在 6 月 21 日受到太陽直射。到了 12 月 22 日，太陽角度會從北緯 23°26' 轉成南緯 23°26'——角度轉變共 47 度。這個轉變使得陽光分布於大約 46% 的陸地面積上，因此也降低了地球接收的陽光強度。

然而，太陽直射頭頂的時間大致落在雨季，導致陽光受到大量雲層遮蔽。伯特蘭（Bertrand）等人在馬達加斯加東邊印度洋留尼旺島（Reunion Island）的觀察研究中，發現由於高原地區經常多雲，日照與海拔高度呈負相關，且日照與氣溫呈正相關。[9] 換句話說，也就是海拔愈低的區域，會有愈多的日照與愈高的氣溫。

在熱帶地區，當太陽在頭頂直射的季節，正是雨水與日照充足的咖啡樹快速生長時期。每當到了一年的此時，咖啡樹往往會開花。然而，赤道附近咖啡園的季節波動情形則較為複雜，因為此處每年都會遇到兩個雨季。咖啡樹的生理週期通常是一年，但在赤道附近的某些地區（例如哥倫比亞），當某些地區的咖啡樹正值開花，附近山谷的農人可能正忙著採收。這類風土環境的咖啡

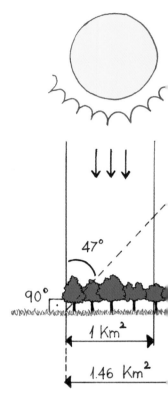

在熱帶地區，冬季與夏季之間的太陽角度會轉動共 47 度，導致陽光照射陸地的面積超過 46%。向陽的坡向則能抵銷此影響。

9 Bertrand, B.; Boulanger, R.; Dussert, S. et al. (2012). Climatic factors directly impact the volatile organic compound fingerprint in green arabica coffee bean as well as coffee beverage quality. *Food Chemistry*, 135(4), 2575-83.

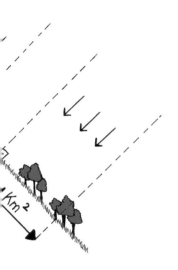

樹可能會有一次額外的小型採收——稱為副產季（fly crop）。作物生理週期會相差大約 6 個月。

反照率（Albedo）：透過地球表面的反射，陽光照射到植物的方向可以來自上方或下方。葡萄酒產業將此效應稱為反照率。反照率的極端情況之一，就是反射自新鮮的雪，其能反射 80% 以上的日照。高空中平流層的雲則可以反射約 70% 的日照。潮濕且色深的土壤（即多數咖啡農地的典型土壤）僅能反射約 10% 的日照；森林覆蓋地區的反照率與之相似。

有效日照是咖啡樹進行光合作用中的主要限制因素。因此，部分咖啡農人會在植物成熟期修剪森林樹冠的厚度，例如威廉·布特在 Finca Sofia 咖啡園的作法。

坡向（Aspect）：意指山坡與羅盤方位（compass bearing）的相對方向。在葡萄酒產業，坡向的公認原則便是葡萄園山坡的坡度與坡向會影響一支葡萄酒的風味。同樣地，研究人員也認為咖啡樹生長所在的風土，也決定了咖啡豆的感官特色與化學成分。他們發現，咖啡樹身處的海拔高度與坡向會對咖啡風味的感官特色形成細微的差異。[10]

最鮮明的例子就是坡向朝北與朝南之間的差異。當咖啡農地位於赤道以南的南迴歸線，雨季時的日照會對齊北迴歸線（請見第 40 頁的圖表）。此時，朝北的山坡能接受到最大量的直射日照，朝南的山坡接收到的日照量則最少。

北、南、東或西，哪一種最棒？

生長在東向山坡的植物能接收到早晨的第一道陽光，因此會比西向山坡更為乾燥。因為相較於西向山坡，東向山坡的露水及

10 同上。

陰影坡
較冷且較濕的土壤，土壤中的生物種類有限；地表會累積酸性有機物質。

向陽坡
較暖且較乾的土壤，土壤中的生物種類多元；
土壤內混合了有機物質。

雨水在日間的蒸發速度較快，所以會率先開始轉乾。身處西向山坡的植物通常會比南向山坡更溫暖，果實也因此成熟得快一些。[11]

蔭下栽種（Shade-grown）

2017 年瓜地馬拉卓越盃（Guatemalan Cup of Excellence）冠軍安娜貝拉・曼尼希斯（Anabella Meneses）的咖啡園遮蔭度始終保持在 70%。[12] 她引進了 10 種不同的遮蔭樹種，例如銀樺屬（*Grevillea* sp.）與印加屬（*Inga* sp.），以及當地的原生樹種。

目前約有 24% 的咖啡農地面積採用了「蔭下栽種」。相較於 1996 年的 43%，有所減少。[13] 在過去二十或三十年之間，以產量為目標的政府利用獎勵機制，致力推動全日照咖啡農地。1970 與 1980 年代創立的咖啡研究機構（例如薩爾瓦多的 Procafe、瓜地馬拉的 Anacafe、哥斯大黎加的 ICAFE 與宏都拉斯的 IHCAFE），也提倡降低或剷除遮蔭物。[14]

蔭下栽種的議題在咖啡種植領域引起了不小的爭議。主張維持生物多樣性的自然保護主義者，以及焦點放在提升農人收入的產量導向獎勵政策，兩者之間有著明顯的鴻溝。根據一篇 2014 年的評論，「數篇研究……明顯指出，中等程度的遮蔭（大約 35～50%）能讓咖啡豆產量達到最大值，原因可能是中等遮蔭度，在遮蔭環境的理想氣溫，以及未遮蔭環境的理想光合作用速率之間，達到了平衡」。也因為咖啡產量，以及木材、其他作物或生態系統運作，彼此的評估都是獨立進行，使得政府與環保機構很難權衡生物多樣性種植方式的優勢。[15]

一份 2014 年的報告中，針對超過 142 項蔭下栽種咖啡的生物多樣性研究進行審查，該報告表示：「在約 58% 的授粉研究、60%

11 The Winecast (2017). Winecast: Slope and Aspect - YouTube. Accessed May 24, 2019. youtu.be/cmx7PvUNXYA

12 Toby's Estate Coffee Roasters (2017). Knowledge Talks with Anabel-la Meneses. Accessed October 30, 2020. youtu.be/SQhPW65NdPY

13 Jha, S.; Bacon, C. M.; Philpott, S. M. et al. (2014). Shade coffee: Update on a disappearing refuge for biodiversity. *BioScience, 64*(5), 416-428. doi.org/10.1093/biosci/biu038

14 Staver, C.; Guharay, F.; Monterroso, D.; and R. G. Muschler (2001). Designing pest-suppressive multistrata perennial crop systems: Shade-grown coffee in Central America. *Agroforestry Systems 53*(2), 151-70. doi.org/10.1023/A:1013372403359

15 同上。

的害蟲控制研究、100% 的氣候調節研究，以及 93% 的營養循環研究中，遮蔭對於生態系統都有正向的影響」。[17] 在次級理想與熱緊迫（heat-stressed）的生長環境，遮蔭似乎能為咖啡樹的風味表現帶來最大的益處[18]。

蔭下栽種的咖啡風味更棒嗎？

根據研究，遮蔭能有效降低咖啡樹的平均溫度。例如在一項哥斯大黎加的實驗中，在使用了 45% 的遮網之後，發現咖啡樹內部與外部葉片的溫度差異十分顯著，整體溫度也有明顯下降。研究人員的紀錄中，內部葉片為 4℃，而外部葉片為 2℃。此實驗也針對不同遮蔭程度的咖啡風味進行了感官印象紀錄。

感官印象紀錄列於第 50 頁。除了測試全日照與遮蔭的影響

16 Jha et al. (2014).

17 Muschler, R. G. (2001). Shade improves coffee quality in a sub-optimal coffee-zone of Costa Rica. *Agroforestry Systems 51*, 131-9. doi. org/10.1023/A:1010603320653

18 Vaast, P.; Bertrand, B.; Perriot, J. J.; Guyot, B.; and M. Genard (2006). Fruit thinning and shade improve bean characteristics and beverage quality of coffee (Coffea arabica L.) under optimal conditions. *Journal of the Science of Food and Agriculture, 86*(2), 197-204. doi.org/10.1002/jsfa.2338

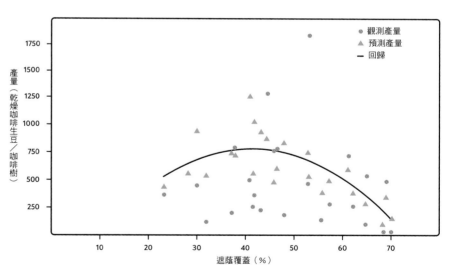

墨西哥當地的研究，其中比較了不同遮蔭程度的咖啡產量。單株咖啡樹的最高產量出現在中等遮蔭（30 ～ 45%）的咖啡農地。[16]

蔭下栽種咖啡樹
哥斯大黎加咖啡農地的樹蔭空拍照片。

之外，也進行了疏果（fruit load）實驗，也就是從咖啡樹摘除四分之一至二分之一的果實。由於全日照往往會過度生長，因此實驗的目的是希望能否透過修剪解決此問題，並生產出美味的全日照咖啡豆。由感官印象紀錄表可見蔭下栽種的咖啡豆獲得明顯偏好。[19]

另一項研究則是從印度洋留尼旺島（即鐵比卡〔Typica〕品種著名的突變種波旁〔Bourbon〕的產地）全境，搜集了 16 個不同微氣候咖啡農地的感官與化學數據。[20]他們進一步比較了冷涼氣候與正面感官印象之間的相關性：「酸度、果香特色與風味品質等正面感官特徵與冷涼氣候相關，同時也是這類地區的典型風味特色」。[21]

為何蔭下栽種的咖啡嘗起來比較美味的解釋之一，就是果實成熟速度較緩慢。在留尼旺島，研究人員報告表示：「在較溫暖的高日照微氣候環境中，咖啡果實在充足陽光之下，會比在遮蔭處更快速。因此收成高峰便因為遮蔭延遲了約 1 個月」。[22]瓦斯特（Vaast）等人的研究也有類似的結論：「在海拔較高（氣溫較低）或遮蔭之下，咖啡果實的成熟過程將減緩，因此有了更多時間讓咖啡豆完全成長，產出密度更高且風味遠遠更為濃厚的咖啡豆」。[23]

熱帶氣候的特徵即是季節性溫度變化較小。另一方面，在季節溫差變化較大之處，主要調節要素通常是海拔高度。而遮蔭能讓咖啡園擁有「微調」微氣候的能力。留尼旺島的研究也證實，咖啡種子成長過程的溫度對於咖啡熟豆的風味有重大影響。感官印象試驗也顯示了咖啡品質與溫度之間擁有許多相關性：

「相較於溫暖氣候（海拔較低）地區生產的咖啡，冷涼

19 Vaast et al. (2005).
20 World Coffee Research (n.d.). Arabica Coffee. Accessed November 2, 2020. varieties. worldcoffeere-search.org/info/coffee/about-variet-ies/bourbon-and-typica
21 Bertrand et al. (2012).
22 Vaast et al. (2005).
23 同上。

右頁
此照片由生豆買家托比‧哈里遜（Toby Harrison）於衣索比亞谷吉拍攝。照片可見「田園咖啡」生長於部分遮蔭之中，這是象腿蕉（ensete，又名假香蕉〔false banana〕），中心與球莖可食用，常用來製成麵粉，也是某些衣索比亞料理的主食。

氣候（海拔較高）之處生產的咖啡擁有較強的酸度、香氣品質更好且風味缺陷較少。相反地，生長於最炎熱環境條件的咖啡，則酸度較低、香氣品質不高，並常有生澀與泥土等缺陷風味……。冷涼氣候有利於發展香氣品質、酸度、果香與整體品質，當氣溫開始上升，生澀與泥土等不討喜的味道就會逐漸增加。由此可知，溫暖氣候地區的咖啡品質可能最差」。[24]

	酸味[a]		苦味[a]		澀感[a]		醇厚度[a]		偏好[b]	
	1999	2000	1999	2000	1999	2000	1999	2000	1999	2000
遮蔭 45%	2.27	2.45	2.65	2.65	1.68	0.35	2.78	2.50	2.57	2.80
全日照	1.67	2.21	2.95	2.88	1.86	0.41	2.91	2.67	2.29	2.58
P	0.001	0.04	0.002	0.01	0.02	NS	0.05	0.05	0.01	0.02
疏果	1.91	2.47	2.86	2.83	1.82	0.46	2.92	2.66	2.42	2.76
1/2 疏果	2.02	2.41	2.75	2.73	1.80	0.36	2.89	2.53	2.64	2.70
1/4 疏果	2.13	2.27	2.75	2.75	1.79	0.34	2.72	2.66	2.73	2.74
P	0.03	0.05	NS	NS	NS	NS	0.05	NS	0.001	NS
$P_{interact}$	0.09	NS	NS	NS	NS	NS	NS	NS	0.001	NS

哥斯大黎加疏果與遮蔭實驗的感官印象紀錄表。高產量不一定等同於高品質。

a：酸味、苦味、澀感與醇厚度的分數範圍為 0 ～ 5，0 ＝無、1 ＝非常低、2 ＝低、3 ＝一般、4 ＝強、5 ＝非常強。

b：整體偏好的分數範圍則是 0 ～ 4，0 ＝不適合喝、1 ＝不好喝、2 ＝一般、3 ＝好喝、4 ＝非常好喝。此分數平均自 10 位評審的三回合品飲評分。

NS：結果不明確（$P > 0.05$）。

24 Bertrand et al. (2012).

專訪
瑪塔・道耳吞

　　2011 年，瑪塔・道耳吞（Marta Dalton）成立了 Coffee Bird，這是一家由女性經營的咖啡生豆採購公司。Coffee Bird 專注於瓜地馬拉與薩爾瓦多的咖啡生豆。瑪塔家族的 Finca Filadelfia 是安地瓜島（Antigua）最古老的咖啡園，創立時間可追溯至 1864 年。道耳吞家族種植咖啡的歷史已邁入六代，曾二度獲得瓜地馬拉卓越盃。瑪塔與 Coffee Bird 團隊，再加上他的母親與商業夥伴哥倫巴（Columba），一同致力於確保咖啡農人與供應鏈中所有參與者未來之永續。

專訪：瑪塔・道耳吞
瓜地馬拉的蔭下栽種

BH：咖啡園 Finca Filadelfia 有種植遮蔭樹嗎？你有發現任何特定類型的遮蔭樹更有效嗎？

瑪塔・道耳吞（以下簡稱 MD）：我們有種植遮蔭樹。一切事物都是相對的，而每一種情況也都取決於目標與氣候。我們有兩種類型的遮蔭：臨時與永久。

臨時遮蔭：當我們準備在新的地塊種植咖啡，也就是特定地塊準備第一次種植咖啡時，就會採用臨時遮蔭。遮蔭樹可以是奎納卡瓦樹（Cuernavaca）或香蕉樹，這兩種樹能為土壤添加營養的鉀，同時也能提供社區食物。當我們規畫新的咖啡農地時，根據地區的不同，有可能會先種植遮蔭樹，接著在兩年之內開始種植咖啡樹。

臨時遮蔭的概念就是，快速提供年幼咖啡樹所需的遮蔭。比起成年咖啡樹，年幼咖啡樹需要較少遮蔭。臨時遮蔭對於年幼咖啡樹的第一年發展，有著至關重要的作用。

永久遮蔭：也就是會永遠留存於咖啡園中的遮蔭樹。選擇最佳遮蔭樹的類型時，我們會考慮海拔、土壤類型、土壤地理條件（平坦、中空、溝壑等等）與氣流。典型遮蔭樹包括綠毛楊（chalun）、銀樺、Cushin（*Inga micheliana*）、酪梨、卡普林（capulín）、紅酸棗（jocote）、安地斯赤楊（llamo，*Alnus acuminata*）與麻櫟屬（encino，*Quercus tristis*）等。

遮蔭能為咖啡園創造理想的條件與平衡，幫助我們提升品質與產量。密集的遮蔭會產生負面影響；另一方面，過多日照將阻礙結果，以及縮短植物的壽命。

銀樺，不僅有出現在我們的咖啡園，Bosques de San Francisco 咖啡園也有，當然安地瓜島其他地區也都可見。

有些咖啡園也會利用現存的森林樹木當作遮蔭。樹種包括松樹或雪松。Finca San Jeronimo 等其他許多咖啡園更制定了木材販售計畫，以健康且平衡的方式將遮蔭樹塑造為木材，以填補咖啡售價始終不高的經濟空缺。

BH：你的風味最佳咖啡生豆批次，是來自遮蔭樹區域，還是陽光充足區域？

MD：一直以來都是來自遮蔭區域的豆子。

BH：相較於生長在陽光充足區域的咖啡，遮蔭會使產量縮減多少？

MD：許多因素都有可能使產量降低。養分的影響其實更超過了遮蔭。遮蔭是最無須擔心考慮的。

在瓜地馬拉，大多數的咖啡樹都生長在遮蔭之下。據說，瓜地馬拉少數無遮蔭咖啡園的產量會呈週期變化。第一年大豐收，第二年大欠收。所以，整體而言也會達到平衡。少了遮蔭，土壤的侵蝕會變快，也會喪失生物多樣性。

對於土壤的影響十分明顯。數年之前，我曾去 Finca San Jeronimo Miramar 咖啡園拜訪朋友，那兒的土壤非常肥沃。我們一起散步，走到了他們的咖啡園與鄰居無遮蔭咖啡園的交界。一旁鄰居咖啡園的土壤比較乾燥、輕且堅硬，看起來也缺乏生物多樣性。

BH：你覺得會有最佳遮蔭比例嗎？或是，咖啡園裡不同區塊應該有各自適合的比例？

MD：絕對有最佳遮蔭比例。決定要素可能是咖啡園的位置，根據的是日照、氣候與地理條件。

在沒有雨的夏季，咖啡樹需要理想的遮蔭比例以阻隔陽光。

在五、六月的採收期尾聲，會進行遮蔭樹的修剪，以確保所有咖啡果實成熟腳步一致。遮蔭樹的修剪能讓身處雨季的咖啡樹接收到更多陽光也有助於肥料的吸收，以及維持咖啡園裡日照量更高且氣流更暢通，並防止葉鏽病等真菌疾病的出現。

BH：利用減少遮蔭樹種植間距的方式增加遮蔭比例，這種作法會有益處嗎？

MD：間距的長度取決於濕度、排水與通風。遮蔭樹之間的種植距離必須達到平衡，如此也才能發揮它們在咖啡園裡擔任的任務。在 Finca Filadelfia 咖啡園，我們的遮蔭數間距為 4～6 公尺。

BH：你有發現任何遮蔭與真菌病原之間的關聯嗎？例如咖啡葉鏽病。

MD：遮蔭只是因素之一。在多雨的冬季中，若是遮蔭比例很高，陽光便無法照射到整株咖啡樹，因此有利於葉鏽病的出現。

BH：你覺得未來的咖啡園會開始引進人工遮蔭網嗎？

MD：不會！樹木能提供有機物，且有助於土壤中礦物質的移動與循環。樹木能自行生長，它們能開花、結果，不僅美觀，聞起來也很香。塑膠遮蔭網會增加成本、安裝費用、費心維護、製造垃圾、缺少與野生動物的互動，還會增加良心的負擔。

許多農人是將經費投資於灌溉。

網眼網常用來覆蓋露臺，以調節熱氣。

第二章
限制植物生長的因素

咖啡植物生理學

　　絕大多數種植於世界各地的阿拉比卡咖啡樹，其實距離野生狀態不過只有三、四代。咖啡樹的**生理學（physiology）**，類似於南蘇丹波馬高原（Boma plateau）與衣索比亞高地雲霧林的**地方品種（landrace**，也就是當地栽培種）。阿拉比卡咖啡樹的理想風土，相對較侷限於效仿這類野生森林的冷涼林下層環境，這些野生森林一直以來都會在冬季進入乾旱期。[25]

　　透過積極管理已適應日照的栽培種，咖啡農已讓阿拉比卡咖啡樹的種植範圍拓展至平均氣溫高達 24 ～ 25℃ 的區域，例如巴西東北部。[26] 然而，年均溫低於 17 ～ 18℃ 區域的咖啡樹生長則大多有所侷限。[27]

葉片

　　咖啡樹的葉片通常表面光亮且呈深綠色，葉片邊緣為波浪狀，輪廓類似 Kalita Wave 濾紙。成熟的葉片長度往往大約是 15 公分。[28] 葉片通常會沿著筆直的枝條對生。每當旱季尾聲，往往會是咖啡樹的落葉時期，此時也常是採收期。咖啡樹對於風壓的耐受性不高，強風將導致總葉片面積降低，也會縮短枝條**節間（internode）**。

根與枝幹

　　阿拉比卡咖啡樹的根系會集中於土壤深度 30 公分之內。根部可延伸至枝幹向外大約 1.5 公尺直徑。[29]

　　多數阿拉比卡咖啡樹為單一樹幹。我們看到的多樹幹咖啡樹不是透過**截幹（stumped）**以促進重新生長；就是在幼樹期下彎

25 Cannell, M. G. R. (1985) Physiology of the Coffee Crop. In: Clifford, M. N., and K. C. Willson (eds.) *Coffee*. Springer. 108-134. doi.org/10.1007/978-1-4615-6657-1_5

26 DaMatta, F. M., and J. D. C. Ramalho (2006). Impacts of drought and temperature stress on coffee physiology and production: A Review. *Brazilian Journal of Plant Physiology*, 18(1). 55-81. dx.doi.org/10.1590/S1677-04202006000100006

27 DaMatta, F. M.; Ronchi, C. P.: Maestri, M.; and R. S. Barros (2007). Ecophysiology of coffee growth and production. *Brazilian Journal of Plant Physiology*, 19(4), 485-510. dx.doi.org/10.1590/51677-04202007000400014

28 同上。

29 同上。

阿拉比卡咖啡樹的葉片邊緣成波浪狀。

主幹以樁固定，以促進**萌蘖**（suckers，新樹幹）生長。肯亞與烏干達常見的作法為截幹。

開花

如前所述，咖啡樹的葉片為對生，會在每一枝條上以數公分的間隔生長。每對葉片的交會之處稱為**葉腋**（axil）。花芽就是從葉腋開始生長，並長成高達 16 朵花的花簇。每個花簇稱為**花序**（inflorescence）。咖啡花不論是外觀或香氣都如同茉莉花。

每朵咖啡花都擁有五片花瓣，一同向中心收束呈漏斗形的管狀。花朵的萼片構造簡單，並有五片。花冠呈白色，而五片花瓣向中心合成一個管狀。其雄蕊會從狹窄的花冠上方伸出。

花萼形狀如同一只小杯子，將花瓣固定在莖上。咖啡花的花萼外觀就像是一只擁有五個尖角的小皇冠，每個尖角都對齊一片花瓣。花朵主要部位為潔白的花冠。五片花瓣從花瓣向外分離。如同櫻草（primroses）與福祿考（phlox），咖啡花也擁有形如圓形托盤的花冠。

咖啡花的五根雄蕊（花的雄性部位）是從狹窄的花冠上方伸出。每一根雄蕊頂部的小小銀粉色花藥含有花粉。

各位第一次看到咖啡花時，很有可能會因為香氣與整體外觀竟如此類似茉莉花，而感到驚訝。不過，與茉莉花不同，咖啡花的花期不長。

假設一朵咖啡花在早晨綻放，到了下午，花藥就會開始轉為褐色，代表已經完成授粉。兩天之內，花冠就會枯萎且從樹上落下，為準備生長的新果實留出空間。

阿拉比卡咖啡樹的花朵約 95% 都是自花授粉，也就是花粉源

圖片來源：聯合國糧食及農業組織（Food and Agriculture Organization of the United Nations），「種得更好系列」（Better Farming Series）。[30]

30 Food and Agriculture Organization of the United Nations (1977). Coffee. In: *Better Farming Series of the FAO Economic and Social Development Series* 3(23). Accessed November 1, 2020. www.fao.org/3/AD219E/AD219E00.htm#TOC

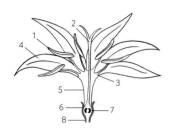

阿拉比卡咖啡花的解剖構造。1：雄蕊的花藥，2：柱頭與花柱，3：雄蕊的花絲，4：花瓣，5：花冠，6：花萼，7：子房，8：花序梗（莖）。

31 Camargo, M. B. P. de. (2010). The impact of climatic variability and climate change on arabic coffee crop in Brazil. Bragantia, 69(1), 239-47. doi.org/10.1590/S0006-87052010000100030; DaMatta et al. (2007).

32 de T. Alvim P. (1973). Factors affecting flowering of coffee. In: Srb, A.M. (ed.) Genes, enzymes, and populations. *Basic Life Sciences, vol. 2.* Springer. doi.org/10.1007/978-1-4684-2880-3_13

自同一棵樹。另一方面，羅布斯塔咖啡樹則必須與鄰近咖啡樹進行異花授粉。羅布斯塔咖啡花的外型與阿拉比卡十分相似，但開花至凋零的時間可達六天。

咖啡花的雌性部位為柱頭，則是從花冠中心向上伸出，並位於五根雄蕊之間。當花粉落在柱頭上時，會長出花粉管，並向下延伸穿過花柱並進入子房。子房位於花冠的底部，含有兩個胚珠。經過授粉的胚珠將熟成為果實，也就是我們熟知的咖啡果實。

若是開花期遇到高溫，尤其是當旱季延長時，可能導致咖啡樹落花。[31] 異常的強風若是將尚未成熟的花朵吹落，就有可能縮減產量。明確的雨季與旱季，有助於形成明確的開花模式。擁有明確開花模式的地區，大致位於熱帶地區的邊緣，例如巴西的密納斯吉拉斯州，此處的夏季長日照（一天超過 13 小時）往往會抑制花芽萌生，時間可達 3 ～ 4 個月。[32]

果實與種子

雖然咖啡果實常俗稱為咖啡櫻桃或漿果（berry），但其實是一種**核果（drupe）**，也就是擁有肉質果肉、薄薄的果皮，且中心果核含有種子。歸類為核果的水果包括杏、水蜜桃、李與櫻桃。漿果則是另一種水果種類（令人混淆的是，也稱為漿果的草莓與覆盆莓，也不屬於漿果類）。核果的定義為果實沿著**核（pyrene，**也稱為 stone 或 kernel）外部的脆弱界線生長，有助於果實分裂，並讓種子落出。真正的漿果（例如葡萄或紅醋栗）則沒有這種機制。

厚實多肉的**果皮（pericarp，**即俗稱的「果肉」），就是成熟果實可以食用的部位。果皮最外層則是**外果皮（exocarp，**即俗稱的「果皮」）。外果皮之內的厚實多肉層則是**中果皮**

咖啡果實剖面

從水平切開的咖啡果實剖面,能看到內部各層的模樣。在咖啡生豆出口之前,必須將種子外部的這些構造除去。

1:外果皮,2:外層中果皮(果肉),3:內層中果皮,4:內果皮(殼層),5:銀皮,6:胚乳

（mesocarp），而中果皮又可分為外層與內層。外層中果皮是緊鄰果實表皮的可食用部位；內層中果皮則是光滑且半透明的果肉層，包裹著**內果皮**（endocarp）。內果皮通常會稱為**殼層**（parchment）。

再往內部深入則是**胚乳**（endosperm），擁有非常厚的細胞壁，這些細胞壁是由半纖維素組成，是植物的食物儲存庫。我們熟知的咖啡豆包含了胚乳，以及其中的**胚**（embryo）。胚位於咖啡豆的頂端。咖啡樹的種子與周圍的組織（也就是我們萃取成為一杯咖啡的部位），正是胚發展成為一株新生植物的能量來源。胚與胚乳的外圍包裹著一層薄膜，稱為銀皮（silverskin）。

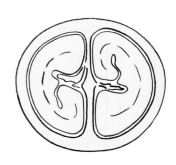

一般的咖啡果實含有兩顆種子，兩顆都是一側平坦且一側圓弧。

圓豆

雖然**圓豆**（peaberry）有時會被視為瑕疵，但其實並不會影響風味。還有不少烘豆師告訴我們，圓豆類似橄欖球的特殊形狀，反而讓它們比一般咖啡豆更容易烘焙。圓豆的「問題」其實只是產量的有所減損。每當收成出現 1% 的圓豆，代表的就是損失 0.75% 的產量，因此，容易產出圓豆的咖啡樹往往會被移除。

根據研究，圓豆的出現反映的是環境壓力，但的確有部分咖啡樹更容易產出圓豆。在某些情況中，圓豆甚至可達收成總量的 40%。

一項關於咖啡樹滴灌的研究指出，在種植第一年，未灌溉的測試地塊收成了高比例的圓豆，占收成總量 21%。[34] 根據報告，產出圓豆的部分原因與不利的環境條件有關，並且主要落在開花期與結果期。針對這些時期進行適當的灌溉管理，能讓咖啡豆擁有更好的生長條件，進而降低產出圓豆的比例。另有研究指出，

33 Carvalho, A., and L. C. Monaco (1969). The Breeding of Arabica Coffee. In: Ferwerda, F. P., and F. Wit (eds.) *Outlines of Perennial Crop Breeding in the Tropics*, Miscellaneous Papers 4, 219.

34 Sakai, E.; Barbarosa, E. A. A.; Silveira, J. M. C.; and R. Pires (2013). Yield and bean size of Coffea arabica (Cv Catuai) cultivated under different population arrangements and water availability. *Engenharia Agricola [online]*. 3(1). 145-156. doi.org/10.1590/50100-69162013000100015

當咖啡果實僅含有一顆種子，此種子就是圓豆。這類種子會形成特有的圓形。

當氣溫接近 24℃時，將增加圓豆收成比例。[35] 此氣溫僅高於阿拉比卡咖啡樹理想生長氣溫上限 1℃。

「適豆適所」

「Horses for courses」是一句源自賽馬界的片語，普遍用在指特定的馬兒在特定的跑道能有更棒的表現。同樣地，也並非所有風土條件適合所有咖啡品種。針對廣泛區域精選最佳品質咖啡豆，並進一步讓最佳咖啡豆推廣到世界各地，這樣的嘗試在 2012 年之前尚未出現。世界咖啡研究組織（World Coffee Research，WCR）的各地品種試驗（Multilocation Variety Trials，MLVT），就是針對這方面的努力，而如今已在 24 個國家運行。世界咖啡研究組織收集了 31 個傑出咖啡品種，這些品種的感官描述，以及對於病蟲害的抵抗力，都有高度評價。他們在世界各地的研究實驗園種植這些品種，並進一步評估每一個基因型在不同地區的活力表現。最後，將表現優異的品種鑑定為適合特定風土條件。其中絕大多數的咖啡品種都從未進行過測試，因此此計畫可謂具有里程碑意義。2018 年，世界咖啡研究組織公布了該計畫的首階段進度報告。[36]

部分咖啡產國，其中以巴西與哥倫比亞最著名，都有發展與研究咖啡的傳統。然而，許多其他咖啡產國依舊沿用歷史久遠的種植方式，咖啡農人依舊持續繁殖著傳統品種，而這類品種不具備面對**病原體（pathogens）**的天然抵抗力。

世界咖啡研究組織的試驗品種中，多數目前尚處於初步階段，並在 2019 年迎來首批收成。2019 年，我們訪問了世界咖啡研究組織的傳播總監漢娜‧紐斯旺德（Hanna Neuschwander），得到了這些咖啡樹的最新近況。

35 Barbarosa et al. (2015).
36 世界咖啡研究組織 (2018). International Variety Trial Reports First Data. world coffeeresearch.org

専訪：漢娜・紐斯旺德
國際各地品種試驗

漢娜・紐斯旺德為世界咖啡研究組織的傳播總監，該非營利組織旨在維護咖啡的永續未來。

漢娜・紐斯旺德（以下簡稱 HN）：適合咖啡樹生長的氣候不只一種。我們目前已經確認出了五種地區：炎熱乾燥、寒冷乾燥、炎熱潮濕、寒冷潮濕與穩定氣候地區。所以，在國際各地品種試驗計畫中，我們致力於確保所有研究實驗地點能涵蓋這五種地區，例如，我們不會僅選用炎熱乾燥的地區種植。我們希望觀察這些品種在不同氣候地區會有什麼表現。這與風土並不相同，風土囊括的範圍更廣，除了氣候，尚包括土壤等更多因素。我們的這項計畫不將其他因素列入考慮。我們不會在分析土壤之後表示，「我們接下來只會把所有品種栽種於這種土壤中……」我們的確會進行土壤分析，也會確認其他會影響咖啡樹的環境因素，但是，我們不會依據這些因素選擇種植地點。另外，我們的種植地區也落在特定的海拔範圍之內。

BH：在已經選用試驗地點中，是否有任何地點受到了氣候變遷的影響？

HN：我們的試驗有刻意設計成納入一些基本上「不適合」種植咖啡樹的氣候環境。尚比亞就是一例，尚比亞的氣候極度炎熱且乾燥。我們的種植地點分布預測中，已經顯示當地並不適合種植咖啡。尚比亞的咖啡農人會施行灌溉，但其實僅僅是維持咖啡樹的基本存活。我們之所以選擇在尚比亞試驗，是希望觀察到哪些品種能在極端炎熱的地區表現良好。就目前現有的研究資料顯示，未來三十年內導致廣大地區不再適合種植咖啡樹的因素，並非乾旱，而是高溫。也就是不斷上升的氣溫。基本上，我們將每年最高溫月份的平均氣溫設定為 32℃，一旦到達此氣溫門檻，土地似乎便不再適合種植咖啡樹。而尚比亞已經越過此門檻了。所以，我們能有機會觀察這 31 個品種之中，哪些能在此環境表現良好。我們也將因此獲得珍貴的知識。

BH：以降低氣溫而言，農藝學家能採用的應對方式有哪些？例如遮蔭、伴植（companion planting）等等。是否有任何試驗地點採用遮蔭或其他技術以降低氣溫？或是都在全日照之下進行試驗？

HN：大多數試驗都是在全日照之下進行。基本上，試驗就是要反映選用

地點的環境條件。今年，我們將開始進行一系列附加實驗，不再僅關注品種與環境的互動，也會觀察品種與種植管理方式的互動。這些屬於研究站的實驗。例如，我們會進行生物碳（biochar）的實驗，或是以菌根菌（mycorrhizal fungi）協助咖啡樹根系，進而增進養分轉化——這類尚未經過廣泛研究證實有效的種植管理方式。實際的干預措施會交由當地研究團隊設計，也就是他們最有興趣且我們也認為值得探討的問題。

除了研究試驗，我們也正在建立農人咖啡園之間的網絡。農人咖啡園的數量遠遠大於試驗站，因此這張網絡的規模將遠遠更為龐大。最終，網絡會涵蓋大約 30 個國家與 1,100 座試驗站，當然也囊括了不同氣候區域。這些試驗也將特別聚焦於所謂的「智慧氣候農法」，並採用數量少很多的品種：只有三個品種，以及三種農法。例如，也許是直接比較兩種不同的遮蔭方式；也可以是選擇不同覆蓋作物（cover crops），觀察它們與單一品種的互動。這類試驗的目標為盈利：哪個品種與哪些農法，能讓農人獲得最大利潤？最終，我們最關注的當然還是盈利性。我們可以提升品質，也可以提升產量，但如果付出成本過高，農人的營收還是有可能反而變得更少。

BH：我記得你曾公布某個能在霜害之中倖存的 F1 雜交品種，令人印象深刻。你覺得 F1 雜交品種在特定微氣候之中，能發揮特殊的適應力嗎？

HN：透過國際各地品種試驗，我們正帶著這些品種深入一些之前尚未採用且更極端的氣候地區。剛剛你提到歷經霜害的試驗地點為寮國，那兒的緯度很不一樣；中美洲則很少出現霜凍。沒人能料到它們抵禦霜凍的表現竟然相當好。當霜凍在 2017 年 2 月橫掃試驗站時，由於咖啡樹對於霜凍十分敏感，所以幾乎所有品種都被摧毀了——除了巴西的品種，十分合理，畢竟這些品種為針對抵禦霜凍而培育多年——當然還有，F1 雜交品種。這完全是個新發現，雖然我們當時並不算太訝異，因為 F1 雜交種就像是在一株咖啡樹裡「塞進更多類型的基因」……。F1 雜交種確實能廣泛適應各式各樣的環境。

農藝學

　　農藝學（agronomy）是一門植物生產科學。農藝學家的研究工作包括植物遺傳學、生理學，以及氣象學與土壤學。農藝學家是科學研究與地區風土之間的橋樑。在咖啡產國，農藝學家會直接在田間工作，直接與咖啡農人及合作社一同合作。農藝學家會監測農地區域的風土，並提供具體的農地管理措施建議，協助農人達到理想的土壤排水程度，並教導農人防止土壤侵蝕的實際作法。他們幫助農人實施能長久延續的種植密度、選擇適合的肥料，以及提供修剪與種植位置等建議。

　　為了讓大家更認識農藝學家，我們訪問了瓜地馬拉農藝學家安娜貝拉・曼尼希斯。安娜貝拉的咖啡園 Santa Felisa Coffee 曾獲得 2017 年的瓜地馬拉卓越盃冠軍。另外，她也是非營利組織 Las Nubes Daycare 的創辦者。

生技人員正在測試土壤樣本。

專訪：安娜貝拉‧曼尼希斯
選擇品種

安娜貝拉是 2017 年瓜地馬拉卓越盃的冠軍得主，其咖啡園 Santa Felisa 坐落在瓜地馬拉市西邊的阿卡特南哥鎮（Acatenango）。她也是一位農藝學家與獲獎咖啡農人。

BH：當你為自己的咖啡園決定種植什麼品種，或是提供他人種植建議時，你會需要什麼的測量數據？

安娜貝拉‧曼尼希斯（以下簡稱 AM）：我們實驗了一些咖啡園內從來沒有種植過的品種，這些品種先種在類似咖啡花園的地塊，也就是包含許多品種，試著讓它們展現**表型**（phenotype，也就是咖啡樹如何適應環境條件，以及杯測的風味表現）。而我們非常喜歡紅波旁（*Red Bourbon*）、黃卡杜艾（*Yellow Catuaí*）、帕卡瑪拉（*Pacamara*）、藝伎、羅米蘇丹（*Rume Sudan*）與 *SL28* 的特性與風味。它們都非常美味，我們十分喜愛它們杯測的風味表現。另外，目前知道我們咖啡園內的帕卡瑪拉與黃卡杜艾都不需要過多的遮蔭，但波旁、*SL28* 與藝伎等品種則需要。

BH：選擇品種時，比較取決於微氣候？或是，單一品種可以在相同風土條件之下的不同環境中依舊表現良好？

AM：氣候與土壤的各種因素一定會影響咖啡豆的最終風味品質。波旁與藝伎身處森林環境時，總是能表現得比較好；樹型結構會比較豐滿，也就是葉片能完全覆蓋咖啡樹。沒有受到壓力的咖啡樹，總是能在杯測時展現「快樂」的一面。一旦種植處靠近水源，任何品種都能展現更鮮爽的風味。我認為霧氣再加上良好的遮蔭，有助於咖啡樹維持更涼爽的溫度；咖啡樹的系統能更穩定且平衡。衣索比亞森林的特色之一就是霧氣，而此處正是咖啡基因的源頭。再者，生長在海拔愈高的咖啡樹，往往能在杯測評分獲得更高分。

BH：你有試過以商業遮蔭樹進行伴植嗎？

AM：直到目前為止，我們已經嘗試了十種不同的遮蔭樹，例如銀樺屬（*Greville* sp.）與印加屬（*Inga* sp.）。我也會交替使用當地的原生樹種。

BH：你的咖啡園採用的 70% 的遮蔭。你是如何決定這是最佳遮蔭比例？

AM：曾經有些時期我們沒有任何經費可以管理遮蔭，但我發現兩、三年間都沒有經過任何遮蔭修剪的區域，咖啡樹依舊相當健康。

農地變遷與品種選擇指標

李奧納多為咖啡園擁有者與農人，也正經營著一間擁有出口證照的乾處理廠，同時結合了遍及哥倫比亞各地的微批次生豆貿易。

李奧納多・亨奧（以下簡稱 LH）：咖啡樹的生長氣溫必須落在 17 ～ 22℃。這是它們進行細胞修復的溫度，也就是咖啡樹能整日無休地運作，不斷吸收養分，並將大量礦物質與水分注入咖啡豆。我們的合作對象包括坐落在海拔 1,800 公尺之上的咖啡園，甚至也許能達到 2,100 或 2,200 公尺。

在安地歐基亞（Antioquia），我們可以找到位於海拔 2,200 公尺的咖啡莊園。在哥倫比亞南部，馬達雷納谷（Valley of the Magdalena）的海拔約為 1,200 公尺，所以氣候較為溫和。例如，薇拉（Huila）當地咖啡莊園的最高海拔大約落在 1,800 ～ 1,900 公尺。

每當我拜訪咖啡園時，我都會誠實地告訴農人園裡能不能種出高品質的咖啡。若是咖啡園位於海拔 1,700 公尺之下，也許最佳選擇會是擁有咖啡葉鏽病抗性的品種，如卡斯提歐（Castillos）或卡帝摩（Catimor）等等。

BH：所以，唯有大部分日間平均氣溫落在 17 ～ 21℃ 時，你才會建議種植波旁與卡杜艾這類典型哥倫比亞品種嗎？

LH：沒錯。

BH：什麼是咖啡樹生長的最佳土壤？

LH：我剛好上週有機會前往托利馬（Tolima）的伊巴圭市（Ibague），以及一個叫做 China Alta 的區域。那兒的土壤含有大量砂，就像是海灘，但咖啡樹依舊生長良好。伊巴圭市附近還有一個叫做 Coello 的區域，此處則擁有充滿有機物的土壤 —— 黑色土壤深達 1 公尺，絕佳的土壤，那兒的咖啡樹一樣生長良好。我想，最重要的是每種土壤類型含有哪些不同養分。例如，當土壤還有大量砂，也許代表……其中含有許多礦物質。富含大量有機物的土壤也可能十分危險，因為有機物也許會帶有許多真菌 —— 例如咖啡葉鏽病（*la roya*）等真菌類型。但是，咖啡是十分強健堅韌的植物；耐受性很高。例如，當咖啡樹染上咖啡葉鏽病，葉片幾乎掉光，看起來幾乎瀕死，但往往最終都能存活下來。總而言之，相較於其他作物，咖啡是相當健壯的植物。

BH：巴拿馬與波奎特地區，某些區域已從養牛牧場改造成了咖啡園。在這些曾經畜牧的土地種植咖啡時，針對狀態不佳或已經壓實的土壤，你有任何處理的建議嗎？

LH：這個問題很好，因為如果園裡曾經養過牛，土壤往往已經壓實。但除此之外，還有第二個問題，也就是如何剷除青草。青草是相當具有侵略性的植物，咖啡樹與青草兩者是無法一同生長的，必須先除盡青草。因此，必須使用除草劑與化學藥劑。所以牧場改為咖啡園，第一個必須考慮的問題其實是剷除青草。

另一個問題則是，曾經牧養過牛隻的土地，其酸度通常會過低。雖然空氣就含有氮，不過能將空氣的氮轉移到土壤之中的是微生物。當你養了牛，那兒一定有草，想要在這種情況利用增加微生物的方式提升捕捉的氮氣量，實在非常困難。此時，通常會更加依賴肥料。

在咖啡農人之間，採用除草劑是十分常見的做法。我並未使用，但許多農人都會用。在哥倫比亞，除草劑的使用頗具爭議，因為我們的蜜蜂數量正在減少，對其他必須依賴蜜蜂授粉的作物（如酪梨）或植物來說，這是不小的問題。不過，你也可以轉而改良土壤，也可使用鈣與鎂除草劑。

BH：若是想要將狀態不良的土壤，改善成可以種植咖啡樹，大約每公頃需要投入什麼樣的資金？假設咖啡園並非總是擁有原料，因此依舊無法避免有時必須購買肥料或堆肥，所以我想也許多數農人必須購買肥料與有機物，以混入土壤。但這種作法應該很花錢。改善農地品質可能需要多少成本，你能給我們大致的概念嗎？

LH：在哥倫比亞，想要改良 1 公頃的土地，成本大約是 3,000 ～ 4,000 美元，且不包含購買土地的費用。哥倫比亞土地的價格往往取決於該區域是否有危險，以及其他許多因素。用除草劑剷除青草既簡單又便宜。想要以人工親手除草簡直不可能，因為成本一定十分高昂。不會有人人工除草，實在太貴了。

天氣

　　降雨：熱帶地區的最高降雨量，大致出現在太陽直射的季節。例如，北半球夏至（6月21日）前後，北迴歸線地區會是雨量最豐沛的時期。在大多數咖啡種植地區，年雨量大約落在1,500～2,000毫米。[37]

　　特定風土的理想雨量取決於許多因素，包括土壤的保水性。土壤內的有機物質愈多，也就能儲存愈多水分。保水性也會受到大氣濕度、雲層與耕作方式影響。阿拉比卡咖啡樹的理想年雨量為1,200～1,800毫米。[38] 若是一整年的雨量過多，通常會出現綿延數月的漫長採收期，以及低產量。[39] 當咖啡樹能經歷明顯的乾季，也將展現更容易預期的開花與結果模式。熱帶地區的邊緣通常能有這類季節性的特徵，例如巴西與瓜地馬拉。

　　咖啡樹生長期與季節性降雨往往會同步。在巴西東南部且海拔約為650公尺的維索薩（Viçosa），研究人員針對咖啡樹枝條生長長度，曾進行過數個月的測量。他們發現阿拉比卡咖啡樹在乾燥冷涼的季節中，生長較為緩慢；但在潮濕溫暖的雨季，則成長迅速。第71頁的圖表統整了研究人員的發現。

　　在擁有明顯乾季與雨季分野的地區，如巴西的聖保羅（São Paulo），咖啡樹的主要開花期一年只會出現一或兩次，通常會是在乾季結束後不久。相較之下，降雨時期比較平均分布的地區，則會出現較多次的「零星開花」。[41]

37　Bertrand et al. (2012).

38　Alègre, G. (1959). Climats et caféiers d'Arabie. *L'Agronomie Tropicale (Francia) 14*(1), 23-58. In: DaMatta, F. M., and J. D. C. Ramalho (2006). Impacts of drought and temperature stress on coffee physiology and production: a Review. *Brazilian Journal of Plant Physiology, 18*(1), 55-81. doi: 10.1590/ 1677-04202006000100006

39　DaMatta et al. (2007).

40　Cannell, M. G. R. (1985).

41　Carvalho, A., and L. C. Monaco (1969). The Breeding of Arabica Coffee. In: Ferwerda, F. P., and F. Wit (eds.) *Outlines of Perennial Crop Breeding in the Tropics*, Miscellaneous Papers 4, 198. library.wur.nl/WebQuery/wurpubs/fulltext/455436

生長速率

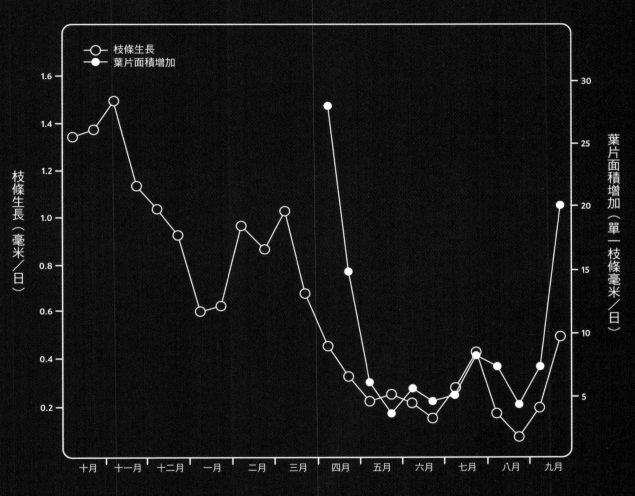

一般而言，花芽發生（floral initiation，由營養生長轉變為生殖生長）的速率在乾燥和／或冷涼的「冬季」月份最快，而枝條生長速率最慢。「春季」的降雨會觸發開花與枝條迅速生長。[40]
資料來源：DaMatta et al. (2007)。

乾旱：所有會影響咖啡樹的壓力因素之中，乾旱與霜凍最為關鍵。在熱帶地區的海拔低於 2,000 公尺處，霜凍發生的頻率明顯低於乾旱，所以乾旱反而是此處限制順利生產咖啡豆最主要的因素。在難以施行灌溉的惡劣氣候中，極度乾旱年份的產量甚至可能下滑高達 80%。[42] 缺水時，咖啡果實通常會變小，尤其是在開花之後數週內的「果實快速發育階段」。之所以會影響果實發育，是因為胚珠（種子的雌性生殖部位）無法完整達到原本應有的最大尺寸。[43]

土壤生物學

土壤類型：土壤結合了固態、液態與氣態三種形式，包含了地球所有自然存在的化學元素。種植阿拉比卡咖啡樹時，土壤中的水可謂最為關鍵的成分。衣索比亞高地土壤的水含量通常超過 50%。

衣索比亞高地的土壤

聯合國糧食及農業組織（FAO）將土壤分為總共 26 類。咖啡最初生長的風土所在衣索比亞高地中，多數土壤都歸類為黏綈土（nitosols）。以下為聯合國糧食及農業組織的說明，

「黏綈土的農業耕作潛力優秀。物理性質方面，黏綈土多孔、排水性良好、結構穩定且擁有高含水量的能力。使用方面不會有任何問題：即使是降雨後不久或正值乾季，土地也能在沒有太多困難之下做好耕作準備。此區域其他重要土壤上包括鐵鋁土（Ferralsols）⋯⋯澱積

42 DaMatta and Ramalho (2006).
43 Cannell, M. G. R. (1974). Factors affecting arabica coffee bean size in Kenya. *Journal of Horticultural Science,* 49(1), 65-67. doi: 10.1080/00221589.1974.11514552

土（Acrisols）、紅砂土（Arenosols）、變育土（Cambisols）與石質土（Lithosols）。鐵鋁土、年綗土、澱積土與紅砂土的分布範圍廣泛，通常已風化且多礫石。這些土壤類型通常為偏酸至高酸，並且含有大量有機物，這些有機物來自原本森林覆蓋區域的枯葉分解。」[44]

　　森林地區土壤的高肥沃程度，能支撐密集農業耕作長達數年，且無需額外維護。未開墾的土地最初可種植各式各樣的經濟與糧食作物，包括可可、咖啡、油棕櫚、橡膠、椰子、柑橘類、玉米、大蕉（plantain）與芋頭。然而，根據聯合國糧食及農業組織的說法，「經過二至五個作物季，土壤的養分將大幅下降，農人便被迫放棄農地，轉而尋找新的林中空地。結果就是砍伐森林，使得原本的高伐林程度因人口壓力而進一步加劇。」
　　當黏綗土已變得高度風化，會出現以下特徵：

• 低陽離子交換容量（cation-exchange capacity，土壤分解與保存養份能力的指標）
• 低保存鹼基能力；鹼基常作為肥料，可提升過酸土壤的酸鹼值（因此常常會添加硫酸鎂）
• 無法保存磷酸鹽類；磷酸鹽類是植物的重要養分（咖啡飲品中的磷酸，來自土壤中的磷）
• 缺乏鈣、硫與微量元素
• 雨季間流失礦物質
• 中至高度的侵蝕風險

44 Food and Agriculture Organization of the United Nations (2013). Soil Tillage in Africa: Needs and Challenges. *FAO Soils Bulletin 69*, Chapter 6. www.fao.org/3/T1696E/t1696e07.htm

土壤化學

　　不同微氣候的土壤會因坡面開闊、面向與遮蔭而有所差異。一般而言，背陽的遮蔭山坡往往會更濕且更酸。下方是意圖描述了水分過度蓄積的凹谷之傾向，以及這類區域常發展出酸度較高的土壤。

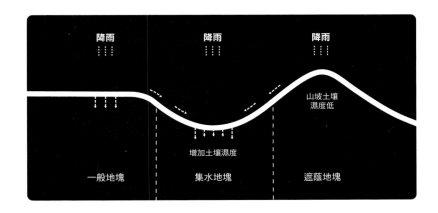

45 Pavan, M. A., and J. C. D. Chaves (1996). The influence of coffee tree density on soil fertility. Londrina, PR (Brasil), 89-105 In: Paulo, E. M., and E. Furlani Jr. (2010). Yield performance and leaf nutrient levels of coffee cultivars under different plant densities. *Scientia Agricola, 67*(6), 720-6. dx.doi.org/10.1590/S0103-90162010000600015

46 Notaro, K. de A.; Medeiros, E. V. de; Duda, G. P. et al. (2014). Agroforestry systems, nutrients in litter and microbial activity in soils cultivated with coffee at high altitude. *Scientia Agricola, 71*(2), 87-95. do.org/10.1590/S0103-90162014000200001

　　有機碳含量與微生物活動度會直接影響土壤的酸鹼值與含水量。微生物會分解土壤內的有機物質與枯葉層。在乾燥土壤中，微生物的活性較低。當土壤的溫度升高，也有足夠的有機碳食物來源，且酸鹼值接近中性（pH 7）時，微生物活動度就會增加。微生物的活動與否十分重要，因為微生物能釋放氮等植物能吸收的養分。

　　植物針對養分的吸收程度，取決於養分的溶解度。在酸性環境，鐵、錳與鋁磷酸鹽等關鍵養分的溶解度會下降。[45] 某項在巴西進行的研究發現，天然森林土壤的酸鹼值比咖啡園及農林系統的土壤更低（酸度更高）。[46] 最有可能的原因也許就是森林缺少酸鹼值校正物質，例如石膏。咖啡樹偏好酸性土壤，酸鹼值大約介於 5 ～ 6。[47] 當酸鹼值低於 5 時，氮等關鍵養分的供應就會減少。

好氧土壤 VS. 厭氧土壤

咖啡樹需要**好氧**（aerobic）土壤，同時具備良好排水性且不能出現積水情形，如此一來，土壤才能「呼吸」。不利的**厭氧**（anaerobic）條件往往會出現在積水的底土（subsoils）。這類不利條件會造成毒性物質硫化氫、還原鐵與還原鎂的累積。也可能降低植物內的鉀、氯與鎂含量。[48]

根據聯合國糧食及農業組織，「咖啡樹能種植於許多類型的土壤上，但理想的土壤是肥沃的火山紅土，或深層的砂質壤土（loam）。黃褐色的高含量粉砂（silt）的土壤比較不理想。另外，應避免種植於重黏土（heavy clay）或排水不良的土壤。」聯合國糧食及農業組織建議農人盡量避免在山坡底部三分之一的區域種植咖啡樹，此處較容易積水。

以下是世界咖啡師冠軍與咖啡農人提姆・溫德伯（Tim Wendelboe）對於好氧及厭氧土壤之間有何差異的說法：

> 「除了少數幾種生長在沼澤地區的植物，厭氧環境對絕大多數的植物而言，都十分不利。厭氧細菌與酵母菌會產出可以溶解植物根部的酒精；因此，植物根系不會在厭氧土壤發展，通常只會分布於頂部表層，但若遇到乾旱等等情形就會出現問題。厭氧生物（纖毛蟲〔ciliates〕）能吃掉細菌，並釋放出氮與養分，不過卻是植物無法利用的氣態──這也是為何厭氧發酵會帶著臭味，例如一大堆咖啡果肉。」

農人的確可以利用修建排水溝與地下管道，以調節排水狀態，不過所需的成本費用通常頗為可觀。

47 Winston, E.; Op de Laak, J.: Marsh, T. et al. (2005). Coffee Plant and Site Selection. In: *Arabica Coffee Manual for Lao-PDR*. FAO Regional Office for Asia and the Pacific. www.fao.org/3/ae939e/ ae939e03.htm#TopOfPage

48 Agriculture Victoria (2022). Managing Wet Soils | Planning farm drainage. Accessed March 10, 2022, agriculture.vic.gov.au/livestock-and-animals/dairy/manag-ing-wet-soils/planning-farm-drain-age

專訪：提姆・溫德伯
土壤化學

提姆是 2004 年的世界咖啡師冠軍，以及 2005 年的世界杯測師冠軍。同時，他也在挪威奧斯陸（Oslo）經營一間咖啡烘豆廠、義式咖啡吧與一間咖啡學校。

BH：擁有一間名為「土壤農場」（Finca el Suelo）農園，還有誰會比你更適合跟我們聊聊土壤化學？你的咖啡園包含了山丘與坡地，想問問種植於面北與面南坡地的咖啡樹是否有任何差異？

提姆・溫德伯（以下簡稱 TW）：我的咖啡園面西，但有一小段凹處的風比較小。我們幾乎無時不刻都有許多大量由南向北的風。對我而言，比起遮風處的地塊，在風大的土地種植植物一定困難許多。關於面向，日照也會造成一定影響，但我認為主要因素是風。我們的研究指出，當咖啡園某一面能接收到早晨的陽光，就會有更多時間變乾，要等到數小時之後才曬得到太陽的另一面，曬乾時間也相對較短；乾燥會影響土壤的酸鹼值與有機物含量。

BH：你定期會測量土壤酸鹼值與有機物含量嗎？這與你如何管理土壤有關嗎？

TW：不論園裡有岩石、鵝卵石、黏土、粉砂或砂，土壤都含有大量礦物質，只是植物無法吸收。我們必須讓有益的真菌、細菌、原生動物、變形蟲與線蟲回到土壤。真菌與細菌能從鵝卵石、黏土與有機物萃取礦物質。接著，線蟲等掠食者會吃掉真菌，線蟲不需要真菌內的所有養分，牠們會排出植物能吸收的礦物質。

我的土壤的問題是缺乏這些微生物。我的咖啡園位於山丘上，歷經侵蝕，除了雜草，土壤上沒有任何覆蓋物，也沒有遮蔭。在乾季，土壤會變得完全乾燥。回到酸鹼值的問題：如果你擁有充滿許多微生物的健康土壤，微生物其實會調節酸鹼值。各位可以在咖啡園各處採樣，就能對園裡的酸鹼值有大致了解，但其實植物會與微生物一起調節自身的酸鹼值。

即使在根部，任何植物的酸鹼值也都會有所不同，這是因為滲出物（exudates）。滲出物就像是養分，由植物像「流汗」一樣排到土壤中──例如糖類，可以吸引真菌或細菌，取決於植物需要何種養分。如果根部許多真菌，酸鹼值就會與聚集許多細菌的情況不同。

BH：有效日照的重要性呢？比起離赤道比較遠的瓜地馬拉咖啡園，夏天與冬天的季節變化對你的咖啡園的影響是否一樣大？

TW：現在的哥倫比亞，雲層比從前更厚，代表平均氣溫或平均低溫都在上升，但平均高溫並未上升。這種情況代表的其實是平均氣溫略為上升，而咖啡品質開始下降。我認為，日照量會影響每一株咖啡樹的果實品質、每株樹的葉片數量，或是葉片與果實比例。

去年在肯亞，我有看到一些農人經營全日照咖啡園。這些樹都有單棵超過100公斤的果實產量，而且幾乎沒有葉片。我們都知道葉片能為植物產生糖，所以我不會太期待這類咖啡園的咖啡能十分出色。我認為，每一座咖啡園都有其獨特的微氣候，必須找到各自合適的遮蔽比例，以種植出品質最佳的咖啡果實。一旦遮蔽比例過高，葉片就會過多，產量也可能因此下滑。

另一方面，我們也都知道未來的氣溫將會更高，所以也許我們應該開始種植更多遮蔭樹。我也正在推廣種植遮蔭。

BH：那麼關於覆蓋作物呢？覆蓋作物並非為咖啡樹的葉片提供遮蔭，而是遮蔽下方的土壤。你會使用覆蓋作物控制雜草生長嗎？

TW：會！覆蓋作物十分重要，因為最糟的田間管理就是讓土壤裸露。雜草對於有機物生成的效率不高。雜草通常傾向專注於生長種子且根系較淺。如果種植的覆蓋作物是豆科，其根系會與固氮細菌結合，所以等於直接在土壤生產氮，同時還能覆蓋土壤。當你剷除覆蓋作物時，它們還能變成有機物，為有益的微生物提供養分。

由於我們沒有灌溉系統，所以我在我的咖啡園發現，必須謹慎選擇種植覆蓋作物的時機。例如，如果在六月種植，作物就不會發芽，所有種子也就浪費了。但是，如果在一月種植（而且我知道一至三月會下雨），那麼我就有把握它們一定能發芽與成長。擁有各種類型的覆蓋作物種子也是好事，如此一來，就隨時都有東西正在生長；有的作物會馬上長大、有的長得快，有的則長得慢。

關於遮蔭樹，基本上我一直在嘗試種植當地原生樹種。我想這應該是最佳方式。我從一位衣索比亞的農林專家

學到，最適合咖啡園的樹種，就是常常在當地附近生長的樹木。所以，只要去當地森林看看，那兒長著什麼樹，就是你應該種的樹。

我想，咖啡農人一般而言應多元種植，因為「把所有雞蛋都放在咖啡樹上」可能不是最理想的主意。有時會遇到咖啡產量不太理想的年份，但如果同時還有其他作物可以出售，總是好的。

BH：你是如何測量土壤的微生物？又是如何知道土壤裡的成分？

TW：我曾跟著伊蓮・英格漢（Elaine Ingham）博士學習土壤生物學。她是土壤生物學的研究先驅之一，研究微生物如何協助植物生長，以及兩者之間有何共生關係。她開發了一套顯微技術，能辨識土壤內的微生物。僅僅一公克的土壤，就含有數十億個微生物。觀察土壤樣本時，會看到一堆又一堆的細菌……。只要透過觀察真菌菌絲的顏色與直徑，其實就能分辨它是有益或有害的真菌。也可以看到園裡擁有哪些種類的原生動物。如果土壤出現厭氧狀態，就會看到許多纖毛蟲——它們的移動速度很快，身上還有類似毛髮的東西。如果土壤很棒，則是還有大量蛋白質——變形蟲、有益的線蟲等等。英格漢博士也開發了一個電子表格，能用來量化每公克土壤的變形蟲與真菌菌絲數量。

我們真正需要的是為土壤建立結構。建立土壤結構的關鍵就是好氧真菌，以及蠕蟲與其他吃食好氧有機物的生物。一旦創造出這類好氧環境，就能讓土壤變得鬆軟，植物根系也將能深深扎入，而水也能滲入土壤並形成地下水。如此一來，乾旱期間的咖啡樹就能少吃一點苦，因為根系能向下深入至有水之處。

如果認真想要將土壤轉變成好氧環境，就是使用好氧（而非厭氧）的堆肥，以增加微生物的數量。這是我在咖啡園主要做的措施：使用堆肥，並以木屑覆蓋根部，防止植物過於乾燥。

BH：你的方式為有機種植。那麼你會購買大量木屑並運到咖啡園嗎？

TW：會，我唯一購買的東西就是木屑。我有一臺木屑機，但我沒有很多樹需要切碎。我已經開始種植一些快速生長的樹木，讓我可以自己切木屑，但目前我依舊必須向木匠

要木屑與刨花。我也會買些小包的海藻，但用量很少。主要是製作堆肥茶（compost teas）時，當作讓微生物長大的食物。我還會買白僵菌（Beauveria），這是一種真菌孢子，可以用來殺死切葉蟻（leaf-cutter ants）——我的咖啡園有很多這種螞蟻，牠們會吃咖啡樹。把白僵菌倒入水中稀釋，再倒進螞蟻窩，然後牠們就會消失了。也可以用米，但使用白僵菌更方便一些。

BH：你相信有機耕作可行嗎？

TW：如果我不相信，就不會這麼做了。美國、澳洲與紐西蘭的農地也都有採用這類方式——雖然種的是其他作物，而不是咖啡。在熱帶地區施行有機耕作，遠遠困難許多；培養表面土壤十分困難，因為侵蝕，以及乾季和雨季的轉換。人人都知道熱帶地區的有機耕作十分困難，但我很確定，我們大家做得到。

我也看過巴西的咖啡園採用和我類似的技術，而且成果很棒。

至於葉鏽病，世界咖啡研究組織正在做的事情非常好，也很有必要，但並非唯一的方式。植物會染上葉鏽病，是因為不健康。為什麼它們會變得不健康？因為它們少了健康的土壤。

是有另一種方法的。去年十一月我在墨西哥，當地的咖啡園也有葉鏽病，但他們其實沒有特別處理。他們是有機耕作，土壤的狀態超好。他們說，「是啊，我們有葉鏽病，但問題不大。」並非所有咖啡樹都有染病，比較像是「這裡有一棵，那裡有一棵。」

當擁有一個多元生態系統時，就能擁有許多有益的生物——不僅是土壤，甚至連葉片上都會有，它們能幫助保護植物。也許可以嘲笑我正在嘗試的技術，但其他許多產業都已經引用，沒道理咖啡產業不一樣。植物就是植物。

咖啡樹是一種森林植物，而森林土壤中的生物主要為真菌，所以土壤會充滿著真菌。我正在克服的挑戰就是讓足夠的真菌放入我的堆肥、堆肥茶與土壤等等。木屑很有幫助。我已經在我的土壤看到許多菌根菌，想要他們回到我的土壤真的十分困難。它們會與根系組隊，一起吸收土壤的養分，對植物十分有益。一旦它們完全繁盛發展，就能期待優質成果。

第三章
施放

種植

種植間距：咖啡樹的種植密度會影響其表現，不過，咖啡樹種得十分緊密造成的問題，其實不如大家想像得如此嚴重。全球多數咖啡樹種植密度都低於 2,000 棵／公頃。[49] 美國國際開發總署（USAID）線上訓練手冊的建議數值也非常相近，手冊建議農人，數目種植間距應至少為 2.4 公尺（1,680 棵／公頃），以避免兩棵樹的根系重疊。如同第二章提到的，阿拉比卡咖啡樹的根系會從樹幹向外延伸約直徑 1.5 公尺。

密集農業採用的拖拉機與採收機等等大型農業設備，在巴西當地十分常見。巴西密納斯吉拉斯州會見到的大型且地勢相對平坦的咖啡莊園中，農人為了讓採收機與拖拉機能順利駛進咖啡樹之間，會因此調整種植密度。但是，世界大多數咖啡農人都沒有採用這類機械，再加上咖啡園往往坐落在多山的地形間，例如哥倫比亞與葉門。無法採用大型機械採收的風土條件中，解決方案之一就是種植矮性栽培種，例如卡杜艾。這些品種的果實較容易以手工採收。引進這類矮性栽培種，再加上能發揮相互遮蔭的好處，就能提升種植密度。[51]

棵數／公頃	公斤／公頃	公克／棵
1,250（2 棵樹／洞）	3,941.32	1,576.53
5,000	1,828.66	4,571.64
7,519	10,148.60	1,349.73
10,000	10,369.42	1,036.42

樹木間距統計：顆數／公頃（中間欄），以及公克／棵（右欄）。資料來源：Paulo and Furlani (2010)[52]

49 DaMatta, F. M. (2004). Ecophysiological constraints on the production of shaded and unshaded coffee: a review. *Field crops research, 86*(2-3), 99-114. doi: 10.1016/j.fcr.2003.09.001.

50 United States Agency for International Development (n.d.) Coffee Production Training. Accessed October 30, 2020.

51 DaMatta (2004).

52 Paulo, E. M., and E. Furlani Jr. (2010). Yield performance and leaf nutrient levels of coffee cultivars under different plant densities. *Scientia Agricola, 67*(6), 720-726.

低密度種植的單棵樹木能擁有較高產量。不過，當種植密度達 3,650 棵／公頃時，觀察到了更高的產量。[53] 相較於擁有較寬間距的環境，在密集種植環境中，樹木的莖會較細，樹冠直徑也會較短。[54] 密集種植的產量之所以高於傳統種植，是因為相同地表面積的樹木數量更高。

> 「對於阿拉比卡咖啡樹的矮化品種而言，5,000 棵／公頃的種植密度最佳……。因為彼此的葉片遮蔭、土壤溫度與蒸散作用都會受到限制，而且雜草競爭也會大幅降低，因為陽光幾乎無法到達地面。」[55]

此外，達馬塔（Da Matta）的研究報告指出，即使種植密度高達 5,000 棵／公頃，咖啡樹的總礦物質需求也不會增加。[56]

地表覆蓋

覆蓋物（Mulch）：保持土壤濕度的做法，例如鋪設安裝長達數公尺的滴灌管線，但可能的花費成本高且勞力密集。相較之下，覆蓋物則是保持土壤濕度更便宜且更有效的方式之一。覆蓋物指的就是在植物之上或周圍鋪蓋材料（如腐爛的樹葉、樹皮或堆肥），目的是保護土壤或使土壤更肥沃。覆蓋物等於加了一道物理屏障，降低風與日照使土壤水分蒸發的能力。

另一個好處就是，覆蓋物也能防止雨水壓實土壤。據估計，一滴雨降落的力道相當於自身重量的 349 倍，能在柔軟地表打出一個 1 毫米深的洞。因此，當種植密度尚不足，尚無法以樹葉保護土壤的區域（尤其是當樹木還年輕時），可利用覆蓋物或棕櫚葉

53 同上。
54 Aguilar-Martínez, J. A.; Poza-Carrión, C.; and P. Cubas (2007). Arabidopsis BRANCHED1 Acts as an Integrator of Branching Signals Within Axillary Buds. *The Plant Cell* 19(2), 458-72. doi: 10.1105/ tpc.106.048934
55 同上。
56 同上。

等材料鋪蓋於地面，防止土壤乾燥與壓實。

　　某項比較滴灌與覆蓋物效果的研究指出：「針對咖啡樹的生長與光合作用，兩者都有顯著影響」[57] 低成本的便宜有機物就能做成覆蓋物。另外，使用覆蓋物的咖啡樹能長出更多的結果**結節**（nodes）。[58]

　　聯合國糧食及農業組織曾警告農人裸露的土壤會降低產量，並建議農人在植物之間以覆蓋物或**覆蓋作物**（cover crop）鋪掩土壤。

　　覆蓋作物：世界咖啡研究組織的漢娜・紐斯旺德表示，

「許多盧安達的農人會在咖啡樹周圍鋪上覆蓋物。咖啡樹通常種植很稀疏，並在周圍鋪上厚厚覆蓋物。準備與鋪設如此大量的覆蓋物需要密集的勞力。因此，他們通常會選擇種植豆科覆蓋作物，不僅可以降低覆蓋物的需求量，減少除草的必要，同時還能將氮帶回土壤。」

　　在咖啡樹之間種植豆子或豌豆等豆科植物，還能增加另一個額外的收入與食物來源。另外，這類植物還可以把氮帶回土壤，因此能十分有效地控制偷走土壤養分的雜草。在山坡坡面，覆蓋作物也是有效的替代方式之一，可以不用掘土以控制雜草，同時能防止土壤侵蝕。

　　整體而言，覆蓋作物可以校正土壤的氮平衡，並抑制雜草。不過，對農人而言，種植覆蓋作物仍舊存在著障礙，而最大的阻礙就是成本。某項烏干達的案例研究表示，覆蓋作物能有效地讓受乾旱影響的土壤增加水含量，[59] 但除非農人真的看到足夠誘人

57 Notaro, K. D. A.; Medeiros, E. V. D.; Duda, G. P. et al. (2014). Agroforestry systems, nutrients in litter and microbial activity in soils cultivated with coffee at high altitude. *Scientia Agricola, 71*(2), 87-95.

58 Cannell, M. G. R. (1973). Effects of irrigation, mulch and N-fertilizers on yield components of arabica coffee in Kenya. *Experimental Agriculture, 9*(3), 225-232.

59 Stiftung, H. R. Neumann (n.d.). The Story of Hanns R. Neumann Stiftung. Accessed Oct. 20, 2020. www.hrnstiftung.org/our-story/

的成本效益，否則很難普遍施行。種子的價格可以很貴，而覆蓋作物本身通常也無法當作產品販售。

灌溉

在低降雨量期間，可以透過灌溉（控制水的供應）維持植物的健康與高產量。灌溉有助於控制開花與果實成熟的時機、保護土壤免於侵蝕或壓實，並抑制雜草生長。

巴西咖啡園農地只有 10% 會進行灌溉，但這 10% 的農地卻創造了巴西咖啡年產量的 22%。[60] 透過灌溉增加水與養分，再結合施肥，會對產量形成極為顯著的影響。灌溉能大幅提升植物的種植密度，讓土地生產力上升數倍。灌溉也能讓原本不適合種植咖啡樹的土地得以耕作。然而，如同施肥，灌溉也沒有適用所有農地的統一用法：理想的灌溉量與時機取決於當地環境條件，其中包括緯度、降雨分布、乾季的發生時間與嚴重程度，以及土壤類型與深度。

灌溉的原理：阿拉比卡咖啡最初的生長地——衣索比亞高地森林，當地降雨量高、氣溫相對涼爽、遮蔭充足，而且乾季持續約 3 個月。想要在不同於高地森林的氣候一樣獲得良好產量，例如在更靠近赤道且擁有兩個乾季的肯亞與哥倫比亞，或是巴西典型的陽光飽滿、地勢開闊的低地咖啡園——都須控制水分供應。

乾季能促使咖啡樹準備花芽綻放，花芽會在雨季開始之前，保持休眠狀態。植物的開花、結果與果實成長都需要充足的水分。[61]

開花：連續數月乾季的水分壓力會促使花芽準備開花。因此，農人可以透過刻意讓植物經過乾旱壓力再進行灌溉，以控制

60 Assis, G. A. D.; Scalco, M. S.; Guimarães, R. J. et al. (2014). Drip irrigation in coffee crop under different planting densities: Growth and yield in southeastern Brazil. *Revista Brasileira de Engenharia Agrícola e Ambiental, 18*, 1116-1123. doi.org/10.1590/1807-1929/agriambi. v18n11p1116-1123

61, 65 Carr, M. K. V. (2001). Review paper: the water relations and irrigation requirements of coffee. *Experimental Agriculture, 37*, 1-36. doi.org/10.1017/S0014479701001090

開花時機，並有望讓某些地區縮短採收期。[62] 若是在開花之後，水分供應不足，花朵可能無法正常發育，甚至可能完全脫落，尤其是高溫時。[63]

62 Crisosto, C. H.; Grantz, D. A.; and F. C. Meinzer (1992). Effects of water deficit on flower opening in coffee (Coffea arabica L.). *Tree Physiology, 10*(2), 127-139.

63 DaMatta, F. M., and J. D. C. Ramalho (2006). Impacts of drought and temperature stress on coffee physiology and production: a review. *Brazilian Journal of Plant Physiology, 18,* 55-81. doi: 10.1590/S1677-04202006000100006

64 Wallis, J. A. N. (1963). Water use by irrigated arabica coffee in Kenya. *The Journal of Agricultural Science, 60*(3), 381-388. doi: 10.1017/S0021859600011977

結果：受精之後大約 6 週，果實會開始迅速成長。在此階段就會確定咖啡果實的最終尺寸，也就是咖啡豆的大小。在雨季不一定與果實膨大期重疊的國家，例如肯亞，灌溉與覆蓋物（以維持土壤水分）能使咖啡豆的尺寸變大。在肯亞魯依魯（Ruiru）進行的某項研究指出，灌溉對總產量的影響較小，但能明顯增加 AA 與 AB 咖啡豆的產量——是乾季時，較大型咖啡豆產量的兩倍以上。[64]

營養生長（葉片與枝條）：水分壓力會降低葉片與枝條的生長，因而縮短枝條長度並減少葉片面積。乾旱也會導致老葉轉黃或並提前脫落。若是乾旱過後，開始降雨或提供灌溉，植物會進入一波「生長潮」，迅速長出新生枝條與葉片。

灌溉方式 —— 樹頂灑水器

外觀十分類似常見於世界各地農地的高架灑水系統，樹頂灑水器的運作成本較低。不過，咖啡樹等種植間距較寬的作物，其實大部分的水會灑落在沒有生產力的土地或雜草上。另外，噴灑的水霧也許能沖刷掉葉片表面的化學物質，如農藥；同時也有降溫效果，甚至可能誘發開花。[65]

灌溉方式 —— 樹下系統

這是直接將水分供應到樹冠之下的微噴罐與滴灌系統，直接注入樹木周圍的土壤。比起樹頂灑水器，這些系統能夠有效地利用水資源，還可以灌溉與施肥同時進行。建立與運作樹下系統需要較高的勞力成本，也必須擁有良好的水過濾系統，以避免阻塞。

專訪：格拉西亞諾・克魯茲

滴灌——低財務風險

格拉西亞諾・克魯茲（Graciano Cruz），巴拿馬波奎特在地人，是一位全職精品咖啡農人。克魯茲住在巴魯火山（Volcan Baru）山腳，距離他的咖啡園 Los Lajones and Emporium 只有數分鐘。他畢業於薩莫拉諾泛美農業學校（Escuela Agricola Panamericana Zamorano），主修農藝學，並在中美洲企業管理協會（Instituto Centroamericano de Administración de Empresas）取得企業管理碩士學位（MBA）。他也擁有國際咖啡品鑑師（Q Grader）證照、負責許多咖啡開發計畫，也是兩個兒子的父親，以及一位衝浪者。

BH：在我們研究咖啡風土的過程中，灌溉是關鍵因素之一。你曾贏得巴西卓越盃，當時是以比正常成熟速度更快的咖啡樹贏得比賽。請問，滴灌為何能加速植物的生長速度？

格拉西亞諾・克魯茲（以下簡稱GC）：記住，土壤裡的所有細菌與微生物都無法直接移動，而是隨著水溶液移動。所有養分都由水帶著移動。

少了水，植物無法吸收養分，無法與大自然產生共生效應……。

當我們採用滴灌時，便是餵養植物所需的東西。而且，提供植物適當養分以讓它們發揮最大潛力的時機，其實十分短暫。

BH：你會在滴灌水中添加養分嗎？

GC：我們每年都會進行兩次的葉片分析與土壤分析，從咖啡樹的分析結果判斷它需要什麼才能全方位地成長。使用滴灌系統，可以讓第一次採收時間提早一至兩年。而灌溉系統的成本也能在第一次收成回本。

種植咖啡樹，等於賭上 5 年，直到終於等到第一次收成。但如果使用滴灌系統，賭博的時間縮短成 2～3 年，所以風險也因此降低了 40%。這其實就是風險管理的問題。投資咖啡園的金融人士與銀行家都該知道。

灌溉的限制與替代方式

　　對許多咖啡農人而言，裝設與運作灌溉系統的成本實在過高。想要裝設灌溉系統，首先至少必須擁有穩定水源；過濾系統；幫浦與其動力來源；數量可觀的設備，包括軟管與噴頭；以及負責操作系統的工人。這也是為何許多農人都沒有裝設灌溉系統，在面對水資源時，只能聽天由命。

　　即使擁有灌溉系統，灌溉效果也有一定的局限。唯有在適當時機使用，灌溉才最能發揮效用。萬一灌溉時間不太理想，很有可能對開花與結果模式產生負面影響。

　　某些情況中，植物對於灌溉的反應會不太理想。例如，高於 26℃的高溫時，植物會關閉葉片上的氣孔，即使土壤含水量飽滿，也會停止向上吸收水分。某項肯亞的研究顯示，增加種植密度並不會連帶增加乾旱壓力，換句話說，灌溉並非密集種植的必要耕作方式。[66]

　　除了資金與勞力成本之外，灌溉也會帶來環境成本。水資源有限，若是由河川或地下水取水灌溉，就有可能減少下游農地或飲用水的供應。灌溉也可能導致土壤的礦物質累積（也就是鹽化作用），造成產量縮減且降低當地水源品質。過度灌溉也會使肥料與農業滲入地下水，進而加劇環境受到的影響。

　　為避免灌溉造成環境影響與降低成本，以下是有助於減少乾旱影響的的措施[67]：

1. 成對種植咖啡樹，不僅有助於根部生長得更深入，也能提升乾旱耐受性。
2. 定期每 5 ～ 8 年實施「截幹」或「宿根」（rattooning，即修剪至

66 Fisher, N. M., and G. Browning (1978). Some Effects of Irrigation and Plant Density on the Water Relations of High Density Coffee (Coffea arabica L.) in Kenya. *Journal of Horticultural Science*. doi: 10.1080/00221589.1979. 11514842

67 Carr, M. K. V. (2001). Review paper: the water relations and irrigation requirements of coffee. *Exp. Agric, 37*, 1-36. doi: 10.1017/ S0014479701001090

十分靠近地表，並讓植物重新生長），以降低乾旱的影響。

3. 覆蓋物能降低水分從土壤流失。

4. 水源不足時，可透過雜草控制，以降低競爭。

肥料

「肥料、石灰、除菌劑與生長誘導劑等都是十分常見的農業化學產品，並且在咖啡生產總成本占了 54%。」[68]

植物能利用陽光與二氧化碳，自己製造食物（請見第一章）。要能自己製造食物，還須從土壤取得一些特定養分。即使生長條件多麼理想，只要缺少任何一種養分，也會限制植物的生長與產量。

為植物施肥的意思，就是在土壤添加養分，以協助植物成長、抵禦某些疾病或增加產量。肥料可以是天然原料，例如糞肥或堆肥，也可以是人工合成產品。肥料能對產量形成顯著影響，也許能使原本不具生產能力的土壤，變得適合耕作。然而，若是沒有謹慎控制肥料的使用，不論肥料是天然或合成，都可能對環境造成危害。施肥，對農人而言是相當具挑戰的問題。肥料費用可以十分可觀，我們也曾聽過許多肥料資訊不實的消息——甚至還有偽造肥料的事件。

我們將在本章概述咖啡園常用的添加物。由於每個咖啡產地的風土條件都不盡相同，所以我們不會提供任何普遍皆適用的建議。

必要元素：咖啡樹所需養分包含了 16 種必要元素。根據功能與重要性，我們將這些元素分成四類。

68 de Souza, H. N.; de Goede, R. G.; Brussaard, L. et al. (2012). Protective shade, tree diversity and soil properties in coffee agroforestry systems in the Atlantic Rainforest biome. *Agriculture, Ecosystems & Environment, 146*(1), 179-196. doi:10.1016/j.agee.2011.11.007

以滴灌施放肥料。

第一類：碳、氧與氫。這些元素存在於水與空氣中。植物會利用這些元素進行光合作用，以製造葡萄糖。

第二類：氮、磷與鉀。它們稱為多量養分，因為健康的咖啡樹需要吸收大量這些元素。

第三類：鈣、鎂與硫。咖啡樹對於這些元素的需求量較少，因此稱為次量養分。

第四類：鋅、硼、錳、鉬、鐵、銅與氯。它們稱為微量養分，因為咖啡樹對於這類元素的需求量很少，但依舊至關重要。

農人可以透過施肥，確保咖啡樹能獲得充足的第二至四類養分。第二至四類養分也必須是植物能從土壤吸收的形式。例如，為了讓植物得以利用，空氣中的氮氣必須先「固定」到土壤中，也就是轉化成水溶氮化合物，例如硝酸鹽類。

限制養分

為了生長，植物針對這些元素都有各自特定的需求量。一旦任何一種元素供應不足，植物的生長就會受限。例如，如果土壤的含氮量不足，咖啡樹的生長極限就會受限於能取得的氮元素量──不論其他各方面的生長條件有多好。

有時，為肥料添加一種養分，會導致其他養分不足。例如，氮原本是限制養分（limiting nutrient），添加氮肥的確會增進植物生長。不過，增進生長之後，也會連帶提升其他養分的需求。若是其中某種養分不足，那麼它就會成為新的限制養分。

由於多量養分通常就是土壤的限制養分，所以使用多量養分肥料可以促進生長，同時也會增加其他土壤養分的需求。一旦多量養分疏於小心管理，久而久之，土壤的次量或微量養分

植物所需養分的經典比喻就是木桶，圍成木桶的一片片木板長度代表每一種養分量：木桶的容量則由最短的木板決定。

（micronutrients）就可能消耗殆盡，導致土壤肥力下降，即使繼續施放肥料依舊如此。[69]

多量養分

氮（N）：是咖啡生產最重要的養分。據咖啡農人，一旦少了氮供應，產量損失可達 60%。[70] 隨著咖啡樹成長，氮的需求量也會跟著增加；咖啡樹早期生長的氮供應量，也會影響作物產量。

植物吸收氮的形式必須是水溶化合物，如尿素與硝酸銨。在自然界，空氣中的氮會透過某些固氮細菌的作用與雷擊，轉化成土壤中的硝酸鹽類。氮往往會以化學肥料的方式添入土壤，最常見的就是硝酸銨（NH_4NO_3）與尿素（$CO(NH_2)_2$）。氮也可以利用動物糞肥添入土壤（也許可謂是最古老的肥料）。如前所述，固氮細菌會在某些植物（如豆科植物）的根部聚集，這類作物也就是所謂的綠肥，常僅為了增加土壤氮含量而種植。

磷（P）：如同氮，磷也是咖啡園裡常見的限制養分。在阿拉比卡咖啡起源地衣索比亞南部的土壤，所有必需元素的含量都很高，除了氮與磷。[71]

與氮不同的是，磷在土壤的移動性較低。因此，與產量最相關的是緊鄰咖啡樹周圍的土壤磷含量，而非土壤整體磷含量。磷的吸收量可藉由菌根菌的共生改善，菌根菌能讓磷更容易被植物吸收。

氮在土壤的移動性高於磷，所以，改變咖啡樹種植間距也會連帶影響農人添加氮與磷的平衡。再者，也因為磷的移動性較低，所以過度添加的磷肥將逐漸累積。

鉀（K）：雖然在大多咖啡園裡，鉀不如氮與磷經常成為限

69 Jones, D. L.; Cross, P.; Withers, P. J. et al. (2013). Nutrient stripping: the global disparity between food security and soil nutrient stocks. *Journal of Applied Ecology, 50*(4), 851-862.

70 Salamanca-Jimenez, A.; Doane, T. A.; and W. R. Horwath (2017). Nitrogen use efficiency of coffee at the vegetative stage as influenced by fertilizer application method. *Frontiers in Plant Science, 8*, 223.

71 Melke, A., and F. Ittana (2015). Nutritional requirement and management of arabica coffee (Coffea arabica L.) in Ethiopia: national and global perspectives. *American Journal of Experimental Agriculture. 5*(5), 400.

制養分，但依舊十分重要，因為限制養分耗盡的影響。若只在土壤添加含氮與磷的肥料，那麼隨著植物成長，對於鉀的需求就會增加，而鉀就有可能成為新的限制養分。衣索比亞當地的試驗證實，添加適量（而非過量）磷肥有機會提高作物產量。[72]

對於高品質果實發育，鉀十分重要——它會影響果實顏色、形狀與糖度（brix，又稱為布里度）。植物會吸收超過健康成長所需的鉀量。這種「過度吸收」也許能提升果實品質，但對產量沒有明顯影響。[73]

次量與微量養分

在咖啡園，次量與微量養分的添加頻率遠低於多量養分，因為它們比較不容易成為限制養分。通常只有在土壤檢測出欠缺某種養分才會添加，或是已經出現特定養分缺乏症狀——例如，年輕葉片開始出現異常的銅色，就代表缺少鈣元素。[74]

養分需求

任何養分的缺乏都會嚴重限制植物的生長與產量，並導致農人收入減損。在施肥之前，確認咖啡樹的實際需求十分重要。需求會依土壤狀態、生長階段、種植方式與年產量而異。

肥料過度使用不僅浪費金錢，也將危害環境。若是沒有針對特定環境條件（如遮蔭與土壤需求）而濫用肥料，可能降低產量。[75] 在極端狀況之下，過於集中施肥甚至可能導致咖啡樹的直接損害——例如，葉片灼傷。

也可以利用測量植物的養分吸收狀態，間接得知養分需求。例如，如果土壤添加的大量氮都被咖啡樹吸收了，就能得知肥料

72 同註71。

73 SRisorto, S. P. (2018). *Effects of potassium fertilizer on soluble solid content (BRIX) of substrate grown raspberries* (Doctoral dissertation, California State Polytechnic University, Pomona). https://scholarworks.calstate.edu/concern/theses/ng451k66h

74 Nagao, M. A.; Kobayashi, K. D.; and G. M. Yasuda (1986). Mineral deficiency symptoms of coffee. www.ctahr.hawaii.edu/oc/freepubs/pdf/RES-073.pdf

75 Gallo, P. B.; Van Raij, B.; Quaggio, J. A.; and L. C. E. Pereira (1998). NPK fertilization for high tree density coffee plantations. *Bragantia. 58.* 341-351. scielo.br/scielo.php?script=sci_abstract&pid=S0006-87051999000200014&1-ng=pt&nrm=iso&ting=en

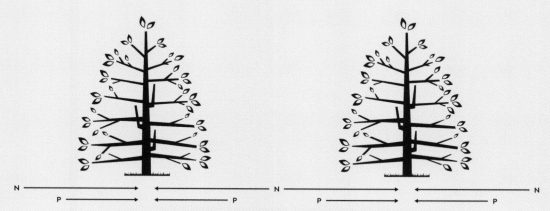

較寬的種植間距，能讓咖啡樹從周圍土壤充分吸收氮，
不過生長的限制養分取決於磷的較低移動性。

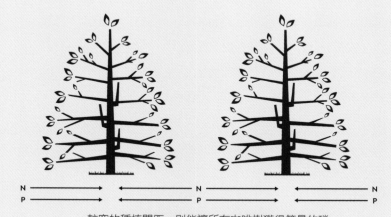

較窄的種植間距，則能讓所有咖啡樹獲得等量的磷，
而生長限制取決於氮的供應。

已有效使用。農人可利用實驗室的檢測，分析植物組織與土壤，以了解植物的營養狀態與未來需求。然而，這類分析費用較高，許多農人都缺少取得與如何利用這類資訊的管道。

天然與合成肥料

咖啡農人通常會同時使用天然與合成肥料。天然肥料公認對環境比較好，成本也較低（雖然需要大量勞力）。使用有機肥料有額外益處，例如改善土壤結構或增加土壤多樣性，兩者都有助於咖啡樹生長。許多咖啡產區常用的都是天然肥料，因為合成肥料過於昂貴。

天然肥料包括糞肥、堆肥與發酵咖啡果肉。使用堆肥與咖啡果肉，能讓咖啡樹生長過程流失的部分養分，再度回到土壤。然而，這些方式都不足以使產量極大化。想要達到 150 公斤／公頃的產量，典型的肥料施放建議用量為 30,000 公斤的堆肥。[76]

合成肥料常見的成分包括氮、磷與鉀。空氣中的氮氣可透過哈柏法（Haber Process）反應成銨，反應過程中，氮氣與氫氣（H）會處於高溫與高壓之下，並使用金屬催化劑。

在咖啡種植中，最常使用的哈柏法產物就是尿素，其中含有氮、磷酸銨與磷酸二銨（diammonium phosphate，DAP）。磷酸銨與磷酸二銨便是植物可利用的氮（N）與磷（P），也是經典的「NP 肥料」。「NPK 肥料」則是再加上鉀鹽，如氯化鉀。

化學合成肥料能大幅提升產量，因此雖然成本高昂，但在許多狀況之下都能增加收益。然而，對於最貧困的農人而言，化學合成肥料的價格往往過於昂貴，而且若是過度施放或不當使用，還會對環境造成嚴重影響。

76 Smart! Fertiliser Management (n.d.). Guidelines for Growing Coffee. Accessed May 12, 2018. https://web.archive.org/web/20180512013713/http://www.smart-fertilizer.com/articles/guide-lines-of-coffee-growing

優養化

　　如前所述，過度使用肥料可能導致「限制養分耗盡」（nutrient stripping），此時，就算繼續施肥，土壤也將逐漸不再肥沃。使用合成肥料也常與土壤結構變差與生物多樣性降低有關，兩者都有可能對咖啡園的長期經營造成傷害。

　　過度使用肥料（不論天然或合成），最直接的影響就是優養化（eutrophication）。李奧納多・亨奧將優養化描述為「就像是把所有化學物質沖進河裡」。當我們在土壤施放肥料時，植物只會吸收一部分的氮或磷。剩下的，最終都會被雨水從土壤沖走（也就是淋溶〔leached〕），並進入附近的河川、湖泊或海洋。

　　當肥料（尤其是磷）滲入河川與湖泊時，會引發「藻華」（algal bloom）——即藻類與浮游生物的快速增長。藻華會遮擋水下植物需要的光照，進一步導致水中含氧量下降。隨著藻類開始死亡，分解它們的細菌會接著耗盡水中的氧氣。最終，形成了魚類及其他水中動物窒息的「死區」。含有過多氮的海洋，也會出現類似的現象。

修剪

　　修剪可謂最重要的耕作方式之一，能穩定產量，同時維持咖啡樹健康。[77] 我們目前參考的修剪相關研究，許多都來自夏威夷科納（Kona）——全球單位面積（每英畝）咖啡園產量最高的產區之一。[78] 一部分得益於當地理想的生長環境，一部分也與該產地的耕作方式有關，其中包括嚴格的修剪（修剪幅度往往很高）。

　　為何要修剪？通常只有咖啡樹新枝才會結果。隨著咖啡樹年紀漸長，結果枝條會漸漸彼此纏繞且互相遮蔭，進而導致生產力

77 Bittenbender, H. C., and V. E. Smith (2008). Growing coffee in Hawaii, revised edition. College of Tropical Agriculture and Human Resources (CTAHR), Manoa, Hawaii, USA: University of Hawaii at Manoa. www.ctahr.hawaii.edu/oc/freepubs/pdf/coffee08.pdf

78 Beaumont, J. H., and E. T. Fukunaga (1958). Factors affecting the growth and yield of coffee in Kona, Hawaii. Hawaii Agricultural Experiment Station Bulletin 113. www.ctahr.hawaii. edu/oc/freepubs/pdf/B-113.pdf

下降。修剪可促進新枝生長且降低遮蔭，並提高產量。

　　阿拉比卡咖啡樹有過度結果的習性，也就是每年都會盡力生產最多的果實。當果實開始發育膨大與成熟時，會消耗儲存在咖啡樹內的碳水化合物，也需要從土壤吸收大量的氮。一旦碳水化合物儲存量或氮量不足以支持成長，葉片與枝條的養分就會被耗盡，並進一步開始枯萎。來年的產量也會因為枯萎而形成歉收。[79]

　　即使枝條並未完全枯萎，開花前的碳水化合物儲存量也會影響花朵數量，進而影響來年產量。因此，當年的產量過度，將耗盡所有碳水化合物儲存量，並使得來年產量縮減。這種高低產量交替的模式稱為「隔年結果」（biennial bearing）。良好的修剪能避免隔年結果的傾向，讓每年產量能夠更穩定，且咖啡樹更健康。

阿拉比卡咖啡樹的枝條結構

　　咖啡樹會長出一根主幹，並在有規律的間隔長出「節點」。每個節點能再長出一對葉片，以及一對側向枝條，稱為「側枝」。當主幹逐漸年老，生長速度也會減緩，節點的間距也將縮短。

　　在每一條側枝上，節點會長出花朵與果實，通常是在側枝長出之後的來年才會結果。隨著側枝的生長也會一併長出新的節點，節點會結果，有時也會長出另一根枝條，稱為「次生側枝」。次生側枝也會結果，但通常產量較低。

　　若是主幹被砍除或受到損傷，就會長出更多主幹。這些新主幹會長出自己的側枝。這種特性可以用來讓老樹長出「年輕」枝條。不過，因為主幹本身不會結果，所以主幹數量過多會使得產量受到限制。而多餘的主幹（稱為「萌蘗」）必須移除。

右頁
藻華會遮擋水下植物需要的光照，使得水中含氧量降低。隨著藻類開始死亡，分解它們的細菌會接著耗盡水中的氧氣。

79 Cooil, B. J., and M. Nakayama (1953). Carbohydrate balance as a major factor affecting yield of the coffee tree. Hawaii Agricultural Experiment Station Progress Notes.

各種修剪系統的目標，就是促進咖啡樹長出新的高產量枝條，以及控制遮蔭與過度結果。最基本的修剪為剪掉老枝、限制次生與三生側枝，以及除去死去或患病的部位。這些處理都能大幅提升產量，並應當在每年採收之後進行。

截頂、截幹與修籬

「截頂」（topping）意指將樹木頂部完全切除——砍除高度通常是距離地面 1.5 ～ 1.8 公尺。截頂能防止樹木生長過高，使採收容易一些。

一旦主幹進行截頂之後，就無法長出任何側枝，因為沒有新的節點能生成。換句話說，所有果實生產會集中在次生與三生側枝。截頂修剪系統只須除去多餘的主幹、減少結果枝條，並移除年老枝條。當主幹逐漸年老且不再結果便可完全除去，讓新的主幹生長，一次留下二或三根主幹生長即可。聯合國糧食及農業組織建議農人採用截頂，因為技術單純且無需重型設備。[80]

在能夠取得額外添加物（如肥料與灌溉）且農業機械化的國家，更適合較為密集的修剪系統。「截幹」（Stumping）指的通常是完全砍除樹木，也就是除去所有主幹。在接下來的一年中，咖啡樹會迅速長出新的主幹，但不會結果。接下來的年份，咖啡樹的新側枝就能長出果實。雖然截幹之後的一年毫無收成，但隨後數年的產量增加將能彌補第一年的損失。定期截幹也能提升咖啡樹的耐旱力。[81] 機械化咖啡園能輕鬆使用截幹系統，只要為拖拉機加裝切割機械臂，以大幅降低沉重修剪工作所需的大量勞力。

1950 年代開發出一種修剪系統，稱為 Beaumont-Fukunaga 系統，此系統是每年對不同種植行的咖啡樹進行截幹。[82] 此系統常

80 Food and Agriculture Organization of the United Nations, 1977. Pruning Coffee Trees. In: *Better Farming Series: Coffee*. ISBN 92-5-100624-5

81 Carr, M. K. V. (2001). Review paper: the water relations and irrigation requirements of coffee. *Experimental Agriculture, 37*, 1-36.

82 Beaumont, J. H.; Lange, A. H.; and E.T. Fukunaga (1956). Initial growth and yield response of coffee trees to a new system of pruning. *In Proceedings of the American Society for Horticultural Sciences, 67*, 270-276.

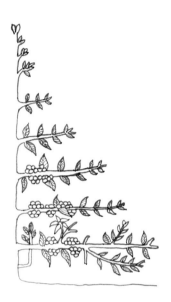

咖啡樹的枝條會在長出的第二
年開始結果。新生枝條（綠
色）能延伸長度並長出葉片，
接下來的年份這些枝條會開始
結果（紅色）。當枝條隨著時
間變老，會漸漸長出更多次生
側枝（側向枝條），最終不會
有任何生產力（灰色）。

每個分布在咖啡樹枝條上的節
點都能長出一對葉片。來年，
每個節點將長出成串的果實。

見於夏威夷與大部分拉丁美洲產區。實施此系統時，每年都會將一整行的咖啡樹剷平至地面，讓鄰行咖啡樹繼續生長與結果。

「修籬」（Hedging）意指將所有咖啡樹機械修剪至固定高度與寬度。如同截幹，修籬一樣勞力成本較低，可利用重型機械設備完成。在某些情況中，修籬比截幹更理想，因為施行修籬的咖啡樹的再度生長速度更快，而且修剪後農人必須處理的廢木也較少。[83]

83 Gautz, L. D.; Bittenbender, H. C.; and S. Mauri (2002). Effect of mechanized pruning on coffee regrowth and fruit maturity timing. In 2002 ASAE Annual Meeting (p. 1). American Society of Agricultural and Biological Engineers. doi: 10.13031/2013.9148

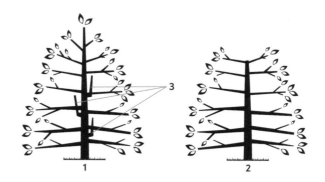

1：修剪前的阿拉比卡咖啡樹，2：修剪後的阿拉比卡咖啡樹，3：萌蘖

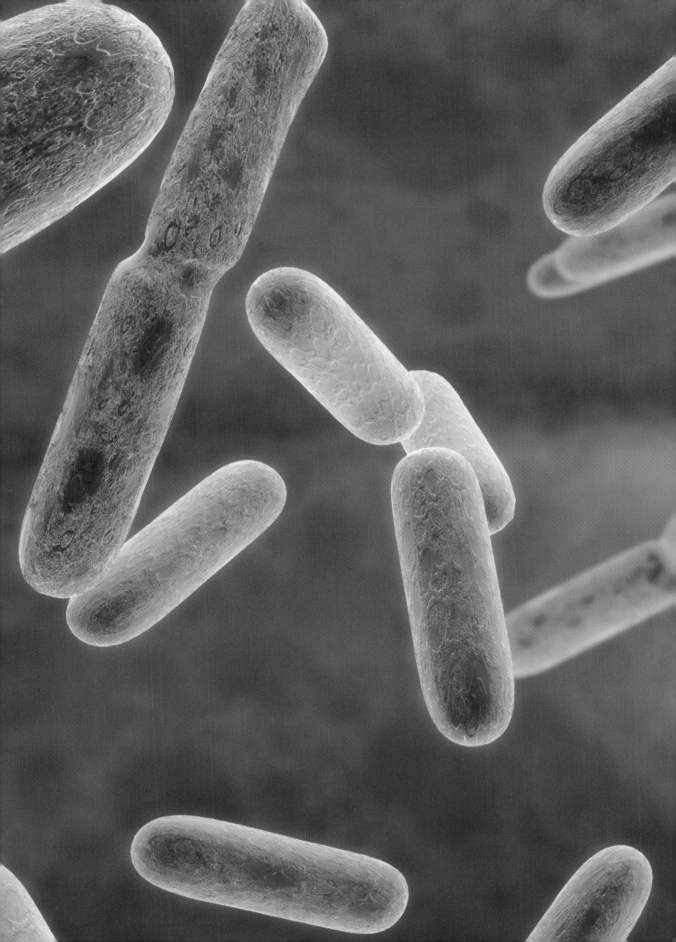

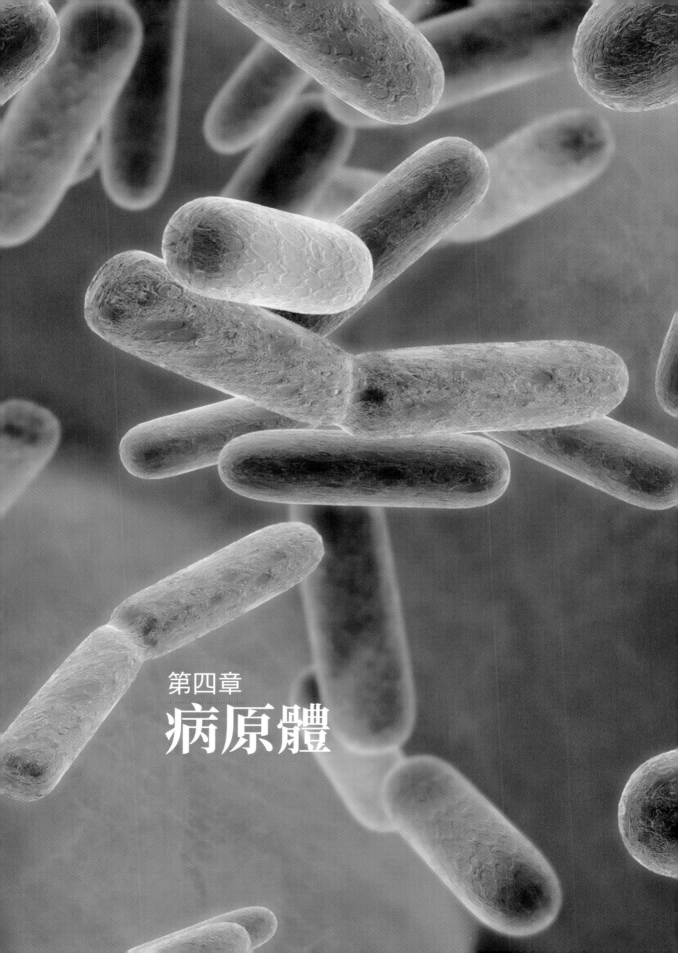

第四章
病原體

葉鏽病

咖啡駝孢銹菌（*Hemileia vastatrix*）是一種**真菌（fungus）**，會感染咖啡樹葉片的底部，並產生大量一團團鏽色疱斑（uredosori）。一旦葉鏽病爆發，可能導致葉片提早凋落，產量也將大幅降低，且往往早成當年作物盡數落空。於文獻首度記載的咖啡葉鏽病爆發事件發生在 1861 年的東非維多莉亞湖（Lake Victoria）附近。接著在 1868 年，斯里蘭卡爆發一場毀滅性的真菌疫病，造成境內幾乎所有咖啡園都轉而種植茶葉。[84] 如今，葉鏽病幾乎已經蔓延至全球所有咖啡產地。目前公認是威脅咖啡生存最為嚴峻的**病原體（pathogen）**。

2011 至 2012 年，葉鏽病首度襲擊中美洲。短短一年之內，蔓延至整片大陸，影響了 70% 的咖啡園。[85] 這場疫情導致超過 170 萬咖啡勞工失業，經濟損失達 32 億美元。影響程度之嚴重，許多家庭自此完全放棄種植咖啡。[86]

由照片可見咖啡葉鏽病的疱斑（孢子形體）已遍布葉片背面。攝影師：提姆‧威廉斯（Tim Willems），圖片由世界咖啡研究組織授權使用。

84 Silva, M. do C.; Várzea, V.; Guerra-Guimarães, L. et al. (2006). Coffee Resistance to the Main Diseases: Leaf Rust and Coffee Berry Disease. *Brazilian Journal of Plant Physiology. 18*(1), 119-47. doi.org/10.1590/S1677-04202006000100010

85 Koehler, J. (2018). Coffee Rust Threatens Latin American Crop: 150 Years Ago, It Wiped Out an Empire. Accessed November 1, 2020. www.npr.org/sections/thesalt/2018/10/16/649155664/coffee-rust-threatens-latin-amen-can-crop-150-years-ago-it-wiped-out-an-empire

86 World Coffee Research (n. d.). Applied R&D for Coffee Leaf Rust: Cross-Cutting Initiatives to Fight Coffee Leaf Rust on Multiple Fronts. worldcoffeeresearch.org/ work/applied-rd-coffee-leaf-rust/

咖啡葉鏽病擴散年表

年份	事件
1868	命名為咖啡葉鏽病
1876	爪哇（Java）
1878	非洲納塔爾（Natal）
1879	斐濟（Fiji）
1890	斯里蘭卡咖啡產業近毀滅
1920	非洲中部與東部
1950	非洲西部
1970	巴西
1981	美洲中部與南部
1983	哥倫比亞哥斯大黎加（Costa Rica）
1986	牙買加、古巴、巴布亞紐幾內亞
2007	世界各地

感染途徑

咖啡葉鏽病為一種營養性真菌；必須完全依靠活體植物細胞才能生存。這種真菌會攻擊葉片背面。最初，真菌會在葉片的氣孔生長，形狀就像是船錨（請見圖片 2）。從「船錨」開始會形成菌絲，類似樹木的根系。細小的絲狀物稱為吸器（haustoria），從菌絲主莖延伸。真正的破壞則是由吸器造成：微小的根會刺入寄生植物，並開始從細胞壁吸取養分。

感染約 36 小時後，菌絲將開始侵入葉片組織。約 20 天之內，葉片背面會出現橘色斑塊。這些目視可見的菌絲網，就是從許多葉片氣孔放下的「船錨」開始蔓延。感染約 20 天後，真菌將開始從錨點中心如同花叢般「盛開」。

現今已能辨認出四十五種咖啡葉鏽病真菌。[87] 如此眾多的物種，對於全盤掌握所有感染途徑產生極大的阻礙，也增加找出抗真菌的咖啡品種與物種的難度。目前，尚未有任何生產咖啡豆的咖啡品種擁有完全免疫咖啡葉鏽病的特性。[88] 研究人員正試著深入了解葉鏽病的感染機制。

化學控制

農人針對咖啡葉鏽病的控制，通常傾向預防而非治療。經濟狀態得以負擔的農人會每年多次施用除真菌噴劑（有機或合成）。哥倫比亞咖啡研究中心 Cenicafe 的前負責人阿爾瓦羅‧加坦（Alvaro Gatain）表示，農人採用除真菌噴劑的費用每年高達 400 美元／公頃。[89]

農藝學家李奧納多‧亨奧（Leonardo Henao）則是成功大幅降低每年用於防治葉鏽病的花費，由每公頃 80 美元降至 1 美元，方

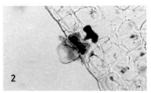
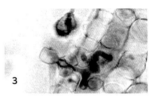

葉鏽病菌絲開始入侵葉片的墊子顯微鏡影像。資料來源：Silva et al., (2006)。
1：24 小時，2：48 小時，3：72 小時。

87 Silva et al. (2006).

88 Encyclopædia Britannica. Coffee Rust. Accessed October 30, 2020. www.britannica.com/science/coffee-rust

89 Soque, N. (2019). Using Fungicides to Treat Coffee Leaf Rust. Accessed October 30, 2020. www.perfectdailygrind.com/2019/05/ using-fungicides-to-treat-coffee-leaf-rust/

法就是使用自製的「石灰硫磺合劑」（*Polisulfuro de Calcio*）。此劑為骨粉與硫的萃取物，須經過大約 20 分鐘的滾煮，接著是 24 小時的靜置冷卻，隨後就可噴灑於咖啡樹葉片。他告訴我們，

> 「針對咖啡葉鏽病，我們採用多硫化鈣物質，也就是硫與鈣的混合液。首先，準備一桶 100 公升的水煮沸。煮沸之後，倒入硫與鈣，讓混合液體滾煮 20 〜 25 分鐘。靜置至第二天冷卻之後，就能以 1：20 的多硫化鈣混合液與水的比例稀釋，並噴灑在咖啡樹上。
>
> 這個噴劑十分有效，因為幾乎所有類型的真菌都可以控制……但當然必須是還在預防階段。不過，如果咖啡樹已經染上咖啡葉鏽病，此噴劑的效果就沒有很好了。所以，這是一種預防處理，每年都必須噴灑多硫化鈣噴劑兩至三次。另外，若是咖啡園位於低海拔地區，此噴劑還可以預防控制咖啡果小蠹（*la broca*）。
>
> 這類預防措施的發展都十分順利，目前正在取得有機認證的路上。採用的農人眾多，不僅簡易，在咖啡園裡就能自行製作。只需要準備一個大型金屬桶，硫的價格也十分便宜（1 公斤大約美金 1 元）。鈣也同樣很便宜。所以，相較於市面上其他除真菌劑須花費的成本，這些費用真的不算什麼。」

　　傳統與有機的治療與預防措施，大多是銅基葉片噴劑。最常見的配方就是硫酸銅與氫氧化鈣（熟石灰）的混合液，也就是為人熟知的波爾多液（Bordeaux mixture）的除真菌劑。[90] 波爾多

90 Copper Development Association (n.d.). Uses of Copper Sulfate. Accessed October 30, 2020. copperalliance.org.uk/about-cop-per/copper-compounds/uses-cop-per-sulphate/

液能防止孢子發芽。孢子孵化後短短數小時之內，植物就有可能感染。因此，為了防範疫情爆發，必須為葉片施加噴劑，預防感染。不過，其中的銅會逐漸累積造成環境物染，所以波爾多液不應作為長期維護植物健康的產品。

為了讓噴劑有效地發揮作用，必須噴灑在葉片表面——尤其是孢子最先開始發芽的葉片背面。當然，確保每片樹葉的表面都有完整灑上噴劑，十分困難，再加上雨水也可能在數週之內沖掉了噴劑，所以通常都必須經過五次的噴灑。

藥劑名稱	活性成分	比例（公克／9 公升水）	配方來源
硫酸銅 *、**	硫酸銅	90	Fawole (2001)
波爾多液 *	硫酸銅＋氫氧化鈣	90.0 + 36	Filani (1990a and b)
BBS Procida	硫酸銅	90	Filani (1990a and b)
Brestan	醋酸三本錫（Triphenyltin acetate）	13.5	Filani (1990a and b)
MacKechney	銅	90	Filani (1990a and b)
Kocide 101**	氫氧化銅	40.5	Filani (1990a and b)

針對咖啡葉鏽病與咖啡果疫病（coffee berry disease，CBD）控制的化學藥劑建議。[91]
* 咖啡葉鏽病
** 咖啡果疫病

強化咖啡樹防禦力

咖啡樹的葉鏽病感染度與營養狀態有關。尤其是土壤含氮量過低時，會增加葉鏽病爆發的嚴重程度，因此，必須謹慎管理肥料的施加。土壤施肥後的養分失衡狀態，會增加葉鏽病發生的機率，而均衡的養分供應能有效降低疾病的嚴重程度。[92]

91 Adejumo, T. O. (2005). Crop protection strategies for major diseases of cocoa, coffee and cashew in Nigeria. *African Journal of Biotechnology, 4*(2), 143-150. www.academicjournals.org/AJB

92 de Resende, M. L.; Pozza, E. A.; Reichel, T.; and D. Botelho (2021). Strategies for coffee leaf rust management in organic crop systems. *Agronomy, 11*(9), 1865. https://doi. org/10.3390/ agronomy11091865

傳統預防措施

　　健康的咖啡樹在面對葉鏽病時，擁有天然抵抗力。哥倫比亞農藝學家李奧納多‧亨奧建議，當地區的氣候為氣溫長期處於17 ～ 21℃之外，請勿種植葉鏽病抵抗力較低的咖啡品種。在氣溫17 ～ 21℃之下生長的咖啡樹擁有理想的新陳代謝，有助於增強免疫力。此建議似乎謹慎可行，因為在研究人員的試驗結果顯示，在咖啡樹生長於22 ～ 27℃的環境之下，葉鏽病孢子產量會是18 ～ 23℃的 2,000 倍。[93] 在奈及利亞，透過採用覆蓋物與遮蔭的方式降低乾季土壤溫度時，也出現葉鏽病感染機率降低的現象。[94]

　　當農人缺乏資金增進咖啡樹將康狀態時，葉鏽病爆發的機率將大幅提高。阿維利諾（Avelino）等人於 2016 年發表的研究指出：

> 「過去三十七年之間，所有在中美洲與哥倫比亞發生的大規模咖啡疫病時間，皆與咖啡收益下降時期同時發生。收益下降的原因包括咖啡豆價格下滑，例如2012 ～ 2013 年中美洲的疫病；以及投入成本攀升，例如 2008 ～ 2011 年哥倫比亞的疫病。收益下降會導致咖啡園管理品質下滑，進而增加咖啡樹面對病蟲害的脆弱度。」

　　在「受損」的咖啡商品市場中，股市的投機行為將主導咖啡價格，此因素是造成咖啡疫病蔓延與咖啡樹健康下滑最主要的原因。商品市場的運作完全基於供需關係；其中不帶任何農人生產成本的考量。撰寫本書之際，咖啡生豆的價格已經下跌

93 Toniutti, L.; Breitler, J. C.; Etienne, H. et al. (2017). Influence of environmental conditions and genetic background of arabica coffee (C arabica L) on leaf rust (Hemileia vastatrix) Pathogenesis. *Frontiers in Plant Sciences. Nov 28*(8): 2025. doi: 10.3389/fpls.2017.02025

94 Adejumo (2004).

生產成本

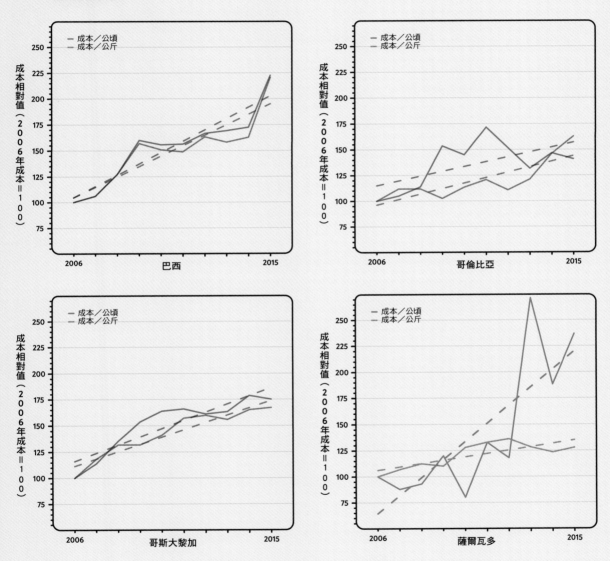

南美洲與中美洲境內國家之咖啡生產成本，在 2006 ～ 2015 年期間大幅增加。在此期間，C 市場的咖啡豆年均價格從每磅 1.08 美元提升至 1.33 美元，漲幅 23%。每公斤與每公頃成本會在產量浮動時，曲線出現偏離，例如 2008 與 2009 年哥倫比亞葉鏽病爆發。

虛線為趨勢線。生產成本以美元計算，並以 2006 年生產成本（當年平均生產成本定為 100）為標準的相對值呈現。

至 0.89 美元／磅（1.96 美元／公斤）。2015 年，據國際咖啡組織（International Coffee Organization，ICO）估計，巴西咖啡生豆的平均生產成本約為 0.41 美元／磅（0.91 美元／公斤）。至於薩爾瓦多，據其估計的生產成本則為 1.08 美元／磅（2.40 美元／公斤）；生產成本已高於股市價格。[95]

電子顯微鏡放大 5,500 倍之下的影像，可見炭疽菌造成的病變。資料來源：M. Waller, M. Bigger and R. J. Hillocks, 2007。

咖啡果疫病

　　咖啡果疫病能在咖啡作物的所有階段發生感染——從花朵到成熟果實，偶爾甚至能感染葉片——不過，真正的破壞源於未成熟果實（5 ～ 20 週）的感染，[96] 感染來源就是真菌炭疽菌（*Colletotrichum*）。[97]

　　感染了咖啡果疫病的果實會發展出深色病變，此處的孢子盤（中心的開花狀）會釋放孢子。咖啡果疫病會導致果實在成熟之前掉落。若是未加以控制，可能導致損失 70 ～ 80% 的收成。[98]

　　根據希瓦（Silva）等人於 2006 年發表的研究，咖啡果疫病在 1922 年首次於肯亞辨認出來，至今的疫病蔓延範圍僅限非洲。為了防止咖啡果疫病傳播至南美洲與中美洲，許多國家都實行了嚴格的控制措施，例如巴西，如禁止咖啡烘豆商進口非洲生豆。

感染途徑

　　咖啡果疫病真菌能直接穿過果皮進入果實。類似於咖啡葉鏽病的菌絲，咖啡果疫病的菌絲會深入細胞壁並穿透細胞膜。初期，真菌會與果實的細胞共生。但漸漸地會以其釋放的酶殺死被侵入的細胞，並以剩下的組織存活。5 日之內，植物組織漸漸衰敗的跡象開始變得明顯，果實也將轉變成深橄欖褐色。

右頁
未成熟果實上的咖啡果疫病造成的深色病變。

96 Clifford, M. N. (Ed.). (2012). *Coffee: botany, biochemistry and production of beans and beverage*. Springer Science & Business Media.

97 Silva et al. (2006).

98 Waller J. M. (1985) Control of Coffee Diseases. In: Clifford, M. N.; and K. C. Willson (eds.) *Coffee*. Springer. doi.org/10.1007/978-1-4615-6657-1_9

培育抗病性品種

　　植物育種專家正積極嘗試培育具咖啡果疫病抗病性的品種。羅布斯塔咖啡品種似乎具有完全抗性，但目前尚未發現任何阿拉比卡咖啡品種的基因型擁有完全抗性。羅米蘇丹與部分帝摩（*Timor*）雜交品種的子代，對於絕大多數咖啡果疫病菌株都有高度抗性。[99]*SL28* 與 *SL34* 等在肯亞十分流行的品種也擁有良好的抗性，同樣具有抗性的還有魯依魯 11（*Ruiru 11*，羅米蘇丹、帝摩雜交種〔Hibri de Timor，HDT〕與 *SL28* 的複雜雜交種）。幸運的是，衣索比亞環境與森林研究協會（Ethiopian Environment and Forest Research Institute）已經辨認出 20 個對於咖啡果疫病具有良好天然抗性的地方品種。[100]

咖啡凋萎病

　　咖啡凋萎病（Coffee wilt disease，CWD）最初在 1927 年的中非共和國發現，當時此疫病攻擊的是一個較少見的咖啡品種 *Coffea excelsior*。到了 1950 年代，有證據顯示阿拉比卡咖啡可能也會遭受咖啡凋萎病的攻擊。1997 ～ 1998 年正值剛果民主共和國衝突期間，咖啡產業開始意識到了咖啡凋萎病的威脅。戰爭期間，剛果當地成熟與未成熟的咖啡豆會被走私到烏干達。[101] 咖啡凋萎病變因此傳播到了烏干達的咖啡樹，並造成十分嚴重的損害，紀錄顯示羅布斯卡咖啡豆收成的損失約 70%。如今，咖啡凋萎病已經開始影響衣索比亞與坦尚尼亞的阿拉比卡咖啡樹，據調查結果顯示衣索比亞所有咖啡產區都有此疫病的蹤跡。[102] 隨著咖啡凋萎病的腳步已經踏入坦尚尼亞，因此也被認為是目前非洲咖啡產業所面臨最嚴峻的威脅之一。[103]

99　Van Der Vossen, H. A. M.; and D. J. Walyaro (1980). Breeding for Resistance to Coffee Berry Disease in Coffea arabica L. Il. Inheritance of the Resistance. Euphytica 29, 777-91. doi.org/10.1007/BF00023225

100　Silva et al. (2006).

101　Flood, J. (Ed.). (2010). *Coffee wilt disease. CAB International.* 7-27.

102　Girma, A.; Million, A.; Hindorf, H.; Arega, Z. et al. (2009). Coffee wilt disease in Ethiopia. In: Coffee Wilt Disease (2009). Flood, J. (ed.). *CAB International.*

103　Waller, J. M.; Bigger, M.; and R. J. Hillocks (2007). *Coffee Pests, Diseases and Their Management.* CAB books. 231-257.

感染途徑

　　咖啡凋萎病的傳播方式目前尚不明朗。類似於咖啡葉鏽病與咖啡果疫病，咖啡凋萎病也是由真菌病原體的侵入引發。其病原體立枯病菌（*Fusarium*）能在 3 ～ 15 個月之內殺死感染的咖啡樹，幼樹可能在數週之內死亡。立枯病菌會攻擊木質部，此為植物體內負責傳送液體的血管系統。染病的咖啡樹無法獲得充足的水分。接著，樹枝將凋萎，葉片也變得脆弱易碎並掉落。最終，咖啡樹將進入無法修復的枯萎狀態，並逐漸蔓延至樹幹與根部。

預防措施

　　一般而言，會將染病咖啡樹連根拔起並焚燒，並至少休耕 6 個月讓土壤恢復。幸運的是，目前尚未發現咖啡凋萎並會在疫病爆發之後，繼續留存於土壤之中。雖然，依舊尚未發現此疫病的確切感染途徑，但似乎不會越過農人未感染區域建立的數百公尺隔離屏障。[104]

　　如同絕大多數的咖啡病害，比起老樹，年輕且更具活力的咖啡樹往往更能抵抗感染。依推估，烏干達爆發咖啡凋萎病時，境內多數咖啡樹樹齡應該都超過 40 年。在衣索比亞，定期修剪與除草的現代密集耕作咖啡園在面對咖啡凋萎病時，與耕作較不密集管理的咖啡園，一樣脆弱。感染途徑的猜測之一，即真菌也許是藉由修剪剪刀，並經由修剪傷口傳播。[105]

線蟲

　　線蟲（Nematodes）：是會從根部侵入的寄生蟲。全球有超過 2,000 種線蟲會影響農作物。牠們的侵入方式都類似，也就是

104　Delassus, M. (1954). La trachéomycose du caféier. *Contributions à l'Etude du Caféier en Côte d›Ivoire. Bulletin Scientifique,* 5(17), 345-348. In: Waller et al. (2007).

105　Waller et al. (2007).

年幼線蟲（外觀像極了迷你小蛇）會鑽入植物根部。

　　此寄生蟲的特性其實凸顯了以傳統銅基除真菌劑控制咖啡葉鏽病與咖啡果疫病所面臨的問題。在健康的土壤中，線蟲的生長通常會被有益微生物抑制。然而，噴劑的銅殘留物會長期殘留在土壤中，並降低微生物的數量，進而提供線蟲進攻咖啡樹根部的機會。

　　會影響咖啡樹的線蟲中，最常見的是「根瘤線蟲」品種。當年幼線蟲侵入咖啡樹的根部後，根部會長出大型的瘤，並削弱生長力。在最幸運的情況中，感染線蟲的咖啡樹產量會下滑 20%；[106] 而最糟糕的情況則是，咖啡樹出現落葉、枯死，進而失去所有收成。

感染途經

　　全球各地皆有發現線蟲，但巴西尤其嚴重。當巴西的雨林開拓成農地時，當地原生的這類寄生蟲也開始轉向入侵咖啡樹。根據巴西最大咖啡產區密納斯吉拉斯的調查數據指出，22% 的咖啡園土壤樣本都有發現象耳豆根瘤線蟲（*Meloidogyne exigua*）。[107] 線蟲無法快速有效地在土壤移動，所以感染很可能是在咖啡苗圃發生。[108] 因此，密納斯吉拉斯產區的咖啡苗圃必須取得官方認證該園未出現任何根瘤線蟲。[109]

預防措施

　　嚴重的線蟲感染目前還沒有完全根治的方式。唯一可用的化學藥劑帶有毒性，並被世界衛生組織（World Health Organization，WHO）列為「極劇毒」的第一類物質。[110] 因此，控制措施主要

106　同上。

107　Campos, V. P. (2002). Coffee nematode survey in Minas Gerais state. Brazil. *Research Report of the Grant by PNP&D/cafe*. EMBRAPA, Brasilia.

108　Herve, G.; Bertrand, B.; Villain, L. et al. (2005). Distribution analyses of Meloidogyne spp. and Pratylenchus coffee sensu lato in coffee plots in Costa Rica and Guatemala. *Plant Pathology, 54*: 471-5. doi: 10.1111/1365-3059.2005.01206.x

109　Campos, V. P., and J. R. Silva (2008). Management of Meloidogyne spp. in coffee plantations. In: Souza, R. M. (ed.) *Plant-parasitic nematodes of coffee*. Springer. doi.org/10.1007/978-1-4020-8720-2_8

110　Waller et al. (2007).

右頁
受到象耳豆根瘤線蟲感染的根部。攝影師：提姆·威廉斯，圖片由世界咖啡研究組織授權使用。

針對預防。感染的咖啡樹必須連根拔起並焚燒。某些線蟲物種感染之後，該區域的土壤經不再適合重新種植咖啡樹，即使已經靜置6個月之後。解決方式之一，即將阿拉比卡咖啡樹嫁接在羅布斯塔的砧木上，因為多數羅布斯塔品種已被證實能抵抗線蟲的入侵。

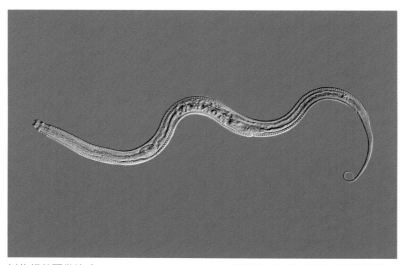

以位相差顯微鏡（phase-contrast microscope）製作的一張線蟲的添色顯微影像。

咖啡果小蠹

　　咖啡果小蠹（*Hypothenemus hampei*）是一種小型甲蟲，人們熟知的名稱為西班牙文的「la broca」，意為鑽頭，正好生動地描繪了此昆蟲對咖啡豆造成的破壞。雌性咖啡果小蠹的寬度為1毫米，會從咖啡果實頂部的「終端孔」鑽入，接著穿過殼層進入咖啡豆，並在穿入的隧道產出高達70顆卵。咖啡果小蠹的幼蟲會在隧道孵化，並開始啃食咖啡豆。雄性咖啡果小蠹不會飛行，終其一

生都不會離開果實；雌性能飛，並在 5 ～ 6 個月的生命期間，能感染多顆果實。[111]

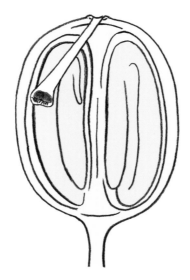

從咖啡果實剖面示意圖，可見咖啡果小蠹（*Hypothenemus hamper*）從果實頂端打造了一個隧道巢。

咖啡果小蠹

咖啡果小蠹較偏好低海拔地區的阿拉比卡咖啡果實，鮮少對海拔超過 1,370 公尺的咖啡園造成嚴重損害。海拔 1,680 公尺以下的地區則沒有任何感染的紀錄。咖啡果小蠹的手筆野外紀錄是在賴比瑞亞，由 O・F・庫克（O. F. Cook）在 1897 年的西非海岸發現；很快地，在 1904 年就有紀錄顯示印尼出現了此甲蟲。1922年於巴西發現，並在 1970 年代擴散至瓜地馬拉。[112] 到了 2010 年

111 Waterhouse, D. F., and K. R. Norris (1989). Biological Control: Pacific Prospects - Supplement 1. Australian Centre for International Agricultural Research. Accessed October 30, 2020. core.ac.uk/down-load/pdf/6377296.pdf

112 Waller et al. (2007).

9 月，咖啡果小蠹成功抵達夏威夷，據紀錄當時造成 20 ～ 30% 的收成損失。

　　這些年幼小甲蟲往往會幾乎食盡咖啡豆，咖啡豆也常會直接從樹上落下。如果並未落下，很有可能會因為隨後的細菌感染而腐壞，因此咖啡果小蠹可以造成龐大的經濟損失。光是巴西一國，每年用於控制咖啡果小蠹的費用就高達 3 億美元。[113] 烘豆師都能輕易分別咖啡豆是否受到感染，因為即使只有部分損傷，咖啡豆也會染上藍綠色。[114]

預防措施

　　安殺番（Endosulfan）是一種能有效控制咖啡果小蠹的化學藥劑，由於毒性極高，已在 2011 年 4 月的斯德哥爾摩公約（Stockholm Convention）之下，在全球逐步淘汰。不過，即使是安殺番，也曾在新喀里多尼亞（New Caledonia）的諸多島嶼嘗到敗果；在十年的使用期間之內，就開始出現具備抗藥性的咖啡果小蠹。[115] 巴西當地嘗試過使用三種黃蜂物種的生物控制，但在測試區域內僅有 60 ～ 70% 的感染減輕。[116]

　　科納咖啡農人組織（Kona Coffee Farmers Organization）目前正採用以下四項措施，對抗咖啡果小蠹：

1. 環境衛生的改良：採收結束後，咖啡樹上所有果實與地面落果都必須徹底清除。這是多數果園（有機或慣行耕作）的標準作法。
2. 引進殺蟲真菌：白僵菌（*Beauveria bussiana*）在控制此甲蟲方面已證實有效，並已核可用於有機農業。可將真菌噴灑在咖啡樹葉片，約可存活 2 ～ 15 天。雖然此方式在科納當地效果

113　*The Economist* (2019). A cheap way to protect coffee crops from boring beetles. Accessed October 30, 2020. www.economist.com/sci-ence-and-technology/2019/03/07/a-cheap-way-to-protect-coffee-crops-from-boring-beetles

114　McNutt, D. N. (1975) Pests of coffee in Uganda, their status and control. *Pest Articles & News Summaries 21*(1), 9-18. doi: 10.1080/096708 77509411482

115　Brun, L. O., and D. M. Suckling (1992). Field selection for endosulfan resistance in coffee berry borer (Coleoptera: Scolytidae) in New Caledonia. *Journal of Economic Entomology 85*(2). 325-34. doi.org/10.1093/jee/85.2.325

116　Waller et al. (2007).

顯著，但在許多地區仍因為成本過高而難以採用。[117]

3. 設置陷阱：雖然無法完全控制蟲害，但能透過陷阱得知是否有咖啡果小蠹在附近活動。農人也可依此判斷是否該噴灑真菌。

4. 教育採收人員：一顆咖啡果實可以是好幾代咖啡果小蠹的家。採收人員只要能在摘採過程謹慎注意衛生習慣，就有助於控制此害蟲擴散。

彼此協調

有時，實施一項預防措施，很有可能導致另一項預防措施失效。例如，咖啡果小蠹的有機預防措施是一種真菌——但咖啡葉鏽病一樣是由真菌引發。所以，一旦使用除真菌劑就有可能導致咖啡果小蠹方面的努力付諸流水。研究指出，某些咖啡葉鏽病的藥劑配方不會破壞用來控制咖啡果小蠹的真菌孢子。[118]

許多農業社群的情況都處於收入難以達到足夠支撐購買控制病蟲害的商品。而能使用這類商品的農人也不想浪費這些藥劑。持續研究與普及知識有助於農人將這些昂貴商品的效果最大化。

咖啡飲品會有農藥殘留嗎？

當化學農藥用於食品作物的病原體時，部分化學物質的確有可能殘留在食物內部或表面。咖啡豆進口國家的食品標準機構會謹慎規範與監控殘留的農藥量，也往往會依循由聯合國糧食及農業組織與世界衛生組織共同建立食品法典委員會（Codex Alimentarius Commission）所建議的最高農藥殘留量。

咖啡生豆的農藥殘留通常很低。經測試發現，大多數進口

119 Jacobs, R. M. and N. J. Yess (1993). Survey of imported green coffee beans for pesticide residues. *Food Additives & Contaminants, 10*(5), 575-577. doi: 10.1080/02652039309374180

120 Mekonen, S.; Ambelu, A.; and P. Spanoghe (2015). Effect of household coffee processing on pesticide residues as a means of ensuring consumers' safety. *Journal of Agricultural and Food Chemistry 63*(38), 8568-8573. doi:10.1021/acs. jafc.5b03327; Sakamoto, K.; Nishi-zawa, H.; and N. Manabe (2012). Behavior of pesticides in coffee beans during the roasting process. *Shokuhin Eiseigaku Zasshi 53*(5): 233-236. Japanese. doi:10.3358/shokueishi.53.233, PMID: 23154763

121 Food Standards Australia New Zealand (2010). Survey of chemical contaminants and residues in espresso, instant and ground Coffee. www.foodstandards.gov.au/science/surveillance/documents/ Survey%20of%20chemical%20con-taminants%20and%20residues%20 in%20coffee1.pdf

至美國的咖啡生豆都是殘留農藥零檢測。只有少數批次發現含有少量化學物質，這樣的少量化學物質在烘豆過程也會被消滅，此時的咖啡豆已不會有任何殘留量。[119] 其他研究也測試了刻意為咖啡豆噴灑農藥的情況之下進行烘豆，發現烘焙過程能減少高達99.8% 的農藥殘留。[120]

　　至於咖啡豆烘焙過後可能出現的任何化學物質殘留，也沒有證據顯示會進入咖啡飲品中。澳洲紐西蘭食物標準（Food Standards Australia New Zealand）委託進行了一項針對墨爾本與雪梨的廣泛咖啡飲品調查，其中包括義式濃縮咖啡、濾沖咖啡與即溶咖啡。他們測試了 98 種農藥殘留與否，結果顯示所有樣本均未出現任何化學物質殘留。[121]

第五章
氣候變遷

全球環流模式

　　本章將討論氣候變遷對於咖啡產區風土的預期影響。這些影響將可能決定咖啡產業的各種工作是否仍有長期發展的潛力，無論是咖啡店、烘豆廠或咖啡園。為了衡量這些預期影響，科學家利用**全球環流模式**（global circulation models，GCMs），根據大氣中溫室氣體含量預測天氣模式。[122]

　　資料科學家將全球地表切分成網格：每個立方體單位的邊長約為 100 公里。在三維立體的全球環流模式中，網格會向下延伸至海洋，並向上延伸至大氣層。全球環流模式能預測（短期）與預期（長期）每個立體網格的氣候模式。預設是根據大氣層的歷史資料，其中包括風、氣溫、氣壓、濕度、雲層與反射率（albedo）。

　　全球環流模式能估算出每個立體網格的短時間預測狀態（例如 30 分鐘）。若是想要做出未來 10 年甚或 100 年的預期狀態，全球環流模式能以所有大氣變數持續計算每 30 分鐘的預測狀態，一路向未來推算，直到抵達想要得知數據的未來目標「時間片段」。自 1990 年代開發出全球環流模式之後，電腦計算能力便不斷大幅增進。每個立體網格的尺寸已變得更小，進而提升每個網格預測值的解析度。

　　為了測試此模式的可靠性，科學家也可以「回到過去」（例如回到 1970 年）並進行研究，檢查全球環流模式是否準確預測了實際發生的氣候模式。第 138 頁的圖表就是全球環流模式的估算（藍線）與上世紀全球實際氣溫變化的比較。如各位所見到，兩條趨勢線十分相似。

　　氣候變遷模型技術的增進包括加入了**代表濃度途徑**

122 Bunn, C.; Läderach, P.; Rivera, O. O.; and D. Kirschke (2015). A bitter cup: climate change profile of global production of arabica and robusta coffee. *Climatic Change, 129*(1), 89-101. doi. org/10.1007/510584-014-1306-x

右頁
全球環流模式將大氣層劃分為邊長約為 100 公里的立方體單位。

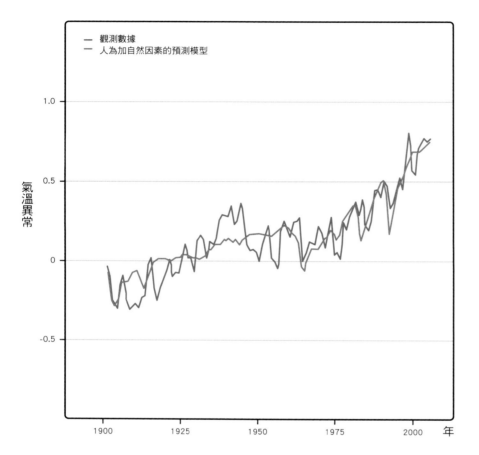

氣溫異常

1.0

0.5

0

-0.5

1900   1925   1950   1975   2000   年

左欄

1900～2000年全球環流模式與實際氣候數據之比對檢驗。資料來源：布朗大學（Brown University）科學中心（The Science Center），2013年。

（representative concentration pathways，RCPs），此技術的解析度比全球環流模式更高，因此可以讓氣候變遷模型更精準地縮放到小範圍區域。代表濃度途徑能夠讓「整體評估模型、氣候模型、陸地生態系模型與**排放物清單（emission inventory）**方面的專家創新合作」。[123]

123 van Vuuren, D. P.; Edmonds, J.; Kainuma, M. et al.(2011). The representative concentration pathways: An overview. *Climatic Change 109*(5). doi.org/10.1007/10584-011-0148-z

預測損失 VS. 預測收益

低氣候風險區域：為了研究與判斷一個區域是否適合繼續進行咖啡種植，科學界建立了一套判斷氣候風險的標準。以下為適合種植阿拉比卡咖啡的氣候條件：

> 「年均溫為 18 ～ 22℃、年缺水量小於 100 毫米（即一年間的蒸發率大於降雨率的最大值為 100 毫米），以及霜凍（一年間最低溫小於 1℃ 將面臨風險）發生機率小於 25%。當這三項氣候條件均符合時，該區域即在種植咖啡方面為低氣候風險。」[124]

註：缺水量（water deficit）即降雨量與蒸發量（水分散失至空氣中）的差值。缺水量愈高，咖啡樹面臨的乾旱壓力愈大。年缺水量因此也是一年中咖啡樹歷經的乾旱壓力指標。

在一整年中，缺水量依月份計算。當降雨量超過蒸發量時，缺水量即為零，因為咖啡樹在此月份沒有遭到乾旱壓力。每個月的缺水量加總之後，就代表當年乾旱的嚴重程度。

測繪地圖：科學家能利用全球環流模式與代表濃度途徑，預測未來哪些區域可能不再適合種植阿拉比卡咖啡。研究人員預期到了 2050 年，適合阿拉比卡咖啡樹生長的氣候地區將減少 49%。[125] 次頁圖表為代表濃度途徑的研究結果之一。[126]

124 Zullo, J.; Pinto, H. S.; Assad, E. D. et al. (2011). Potential for growing arabica coffee in the extreme south of Brazil in a warmer world. *Climatic Change 109*, 535-48. doi. org/10.1007/510584-011-0058-0

125 Bunn et al. (2015).

126 同上。

阿拉比卡咖啡的未來

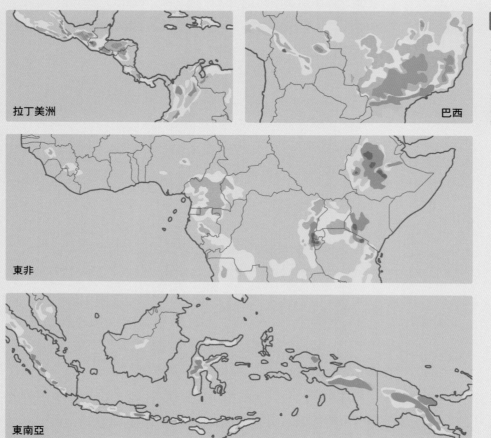

2050 年預期適合種植阿拉比卡咖啡的地區變化，是利用代表濃度途徑模型估算。其中暖色區域為受到氣候變遷負面影響的地區。冷色區域則是擁有氣候變遷正面影響的地區。圖中可見，到了 2050 年，中美洲與南美洲的廣大地區將變得較不適合種植咖啡，而衣索比亞部分高地的咖啡產量則可能稍微上升。資料來源：Bunn et al (2015)。

羅布斯塔咖啡的未來

氣候變遷的負面影響

巴西

西非

東南亞

以相同的代表濃度途徑模型， 顯示 2050 年預期適合種植阿拉比卡咖啡的地區變化。 雖然羅布斯塔咖啡耐受高溫的能力更強， 但根據模型顯示， 到了 2050 年， 西非與巴西的大部分地區都不再適合種植羅布斯塔咖啡。

適合種植區域分布變化

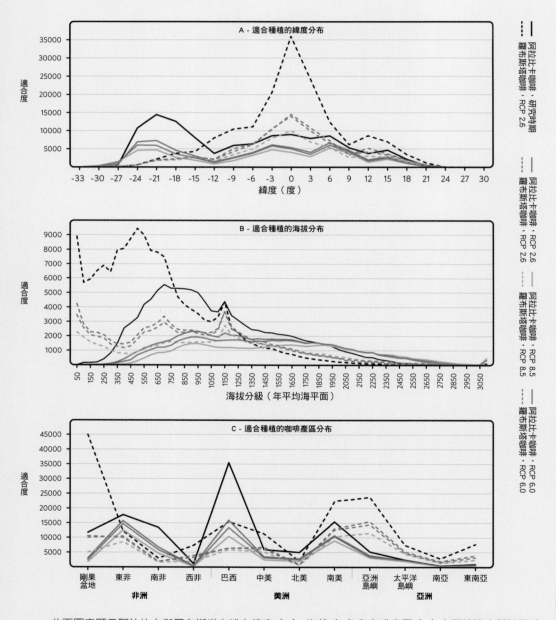

A - 適合種植的緯度分布

B - 適合種植的海拔分布

C - 適合種植的咖啡產區分布

適合度

緯度（度）

海拔分級（年平均海平面）

剛果盆地　東非　南非　西非　　巴西　中美　北美　南美　亞洲島嶼　太平洋島嶼　南亞　東南亞

非洲　　　　　　　　　　美洲　　　　　　　　　　亞洲

阿拉比卡咖啡．研究時期
羅布斯塔咖啡．研究時期

阿拉比卡咖啡．RCP 2.6
羅布斯塔咖啡．RCP 2.6

阿拉比卡咖啡．RCP 8.5
羅布斯塔咖啡．RCP 8.5

阿拉比卡咖啡．RCP 6.0
羅布斯塔咖啡．RCP 6.0

此頁圖表顯示阿拉比卡與羅布斯塔咖啡在緯度（a）、海拔（b）與咖啡產區（c）方面的適合種植區域
分布變化。

實線為阿拉比卡咖啡，虛線是羅布斯塔咖啡。黑線標示的是研究時期，彩色線是根據不同代表濃度途
徑模型預期的未來分布。由模型可見，其預期 2050 年將因氣候變遷使得阿拉比卡與羅布斯塔咖啡的
種植面積減少，除了海拔相當高的地區。資料來源：Bunn et al. (2015)。

綜合影響

阿拉比卡咖啡的永續未來受到三項因素的威脅——氣候變遷、生態衰減與基因多樣性低落。衣索比亞因氣候變遷受到的影響，已然清楚可見；當地已成為咖啡果小蠹等害蟲的宜居之地，這些害蟲之前從未出現於此地。[127]

「在未來三十年內，導致廣大地區不再適合種植咖啡樹的因素，並非乾旱，而是高溫。」世界咖啡研究組織的漢娜・紐斯旺德如此表示。根據紐斯旺德，種植咖啡的年均溫上限為 32℃，而尚比亞已經進入此氣溫（關於紐斯旺德的完整訪談內容請見第 54 頁）。

咖啡與可可皆工認為十分適合農林業種植。然而，這兩項產業與對許多地區造成嚴重的生態衰減。近數十年來，生產咖啡與可可導致的生態衰減為總計高達 3,000 萬公頃的森林砍伐——已相當於越南國土面積。植物經切削與燃燒等破壞，也進一步所釋放出原本儲存在植物內的碳。因此，森林砍伐也直接造成全球碳排放量的大幅提升。

在過去十年發現數種首度為科學界所知之咖啡物種而備受讚譽的亞倫・戴維斯博士表示，[128] 種種綜合作用之下會影響咖啡物種的生存。阿拉比卡咖啡是全球基因多樣性最低的作物之一。[129] 戴維斯認為，未來的咖啡樹育種計畫很有可能必須依靠其他咖啡物種的基因庫。抗旱性可經過培育，添加入耐旱且具良好風味的雜交種。想要創造這類雜交種可能並不簡單，因為正如戴維斯所說，124 個咖啡物種中，大多數嘗起來都「非常難喝」。[130]

127 Davis, A. (2013). Variety Cupping Discussions. You Tube video. Accessed October 31, 2020. https://youtu.be/u1J67zSDIG4

128 同上。

129 Bramel, P.; Krishnan, S.; Horna, D. et al. (2017). Global conservation strategy for coffee genetic resources. *Crop Trust and World Coffee Research, 72.*

130 Davis, A. (2013).

行動計畫之等級

　　在面臨全球氣溫上升的挑戰，並同時盡力維持咖啡園的生產力，咖啡產業必須做好因應不同偶發狀況的計畫。次頁圖表修改自戴維斯在 2013 年北歐烘豆論壇所展示之圖表，其中每個點都代表全球暖化情勢加劇，以及相應的對策。

　　2019 年發表的論文《野生咖啡物種的滅絕高風險及咖啡產業永續之影響》（*High Extinction Risk for Wild Coffee Species and Implications for Coffee Sector Sustainability*）中，戴維斯等人想咖啡產業疾呼：

> 「面對這些氣候帶來的挑戰，必須擁有清晰的遠景、普遍實施的干預措施，以及良好管理。再者，種原（germplasm）的需求也必須增加：作物開發的素材。阿拉比卡與羅布斯塔的野生品種至關重要，其他野生咖啡物種當然也不應忽視。」[131]

行動一：當氣候轉暖，咖啡園的調整

　　至 2020 年初止，全球二氧化碳濃度已達 416 ppm（百萬分之一）。在此一年之前為 414 ppm，五十年前為 327 ppm。在衣索比亞等重要咖啡產區（請見右圖），面對氣溫上升與降雨量遞減的難題之下，農人深深感受到因應氣候實施調整策略的壓力。而衣索比亞西南部也預期將面臨咖啡果小蠹的數量激增為往常的 5 ～ 10 倍。

　　在第一章，我們討論了遮蔭對於咖啡生產的影響。曾在李奧納多‧亨奧位於哥倫比亞咖啡園工作的農人們曾開墾清理過傳統森林；亨奧則是種植香蕉樹提供遮蔭。巴拿馬農人格拉西亞諾‧

131　Davis, A. P.; Chadburn, H.; Moat, J. et al. (2019). High extinction risk for wild coffee species and implications for coffee sector sustainability. *Science Advances* 5(1) eaav3473. doi: 10.1126/sciadv.aav3473

132　Nordic Barista (2013). Aaron Davis - Variety Cupping Discussion. Accessed November 1, 2020. https://youtu.be/u1J67zSDIG4134

衣索比亞西南部的氣候變遷

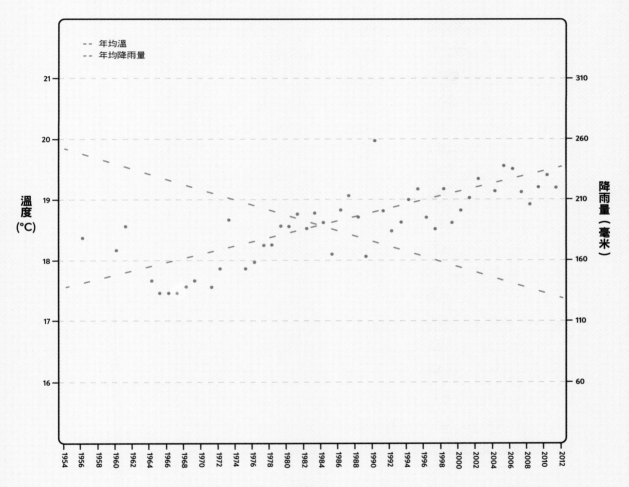

1950 年以降，衣索比亞西南部的氣候數據。由此圖可見年均溫的上升（紅線與紫點），以及降雨量的遞減（藍線），資料來源：Davis (2013)。[132]

克魯茲則是在他的咖啡園 Los Lajones 種植竹子，以防風與遮蔽日照。瓜地馬拉卓越盃冠軍與咖啡園 Santa Felisa 擁有者安娜貝拉·曼尼希斯，則是建立了咖啡園 70% 的遮蔭。

咖啡產業占據了 1,000 萬公頃的土地面積，[133] 其中有 41% 作物是全日照種植。[134] 雖然剩下的皆歸類為遮蔭種植，但各國咖啡園採用的遮蔭量往往不同。全球咖啡作物約有 35% 為「稀疏遮蔭」，也就是遮蔭覆蓋約為 1 〜 40%，採用此遮蔭量的咖啡物種不到十種。剩下的 24%，則是生長於傳統多元遮蔭環境，遮蔭覆蓋至少 40%。[135]

因應氣候變遷的方式之一，是可以種植大型非咖啡樹種，既可為咖啡樹提供遮蔭，又可增加額外收入。透過種植遮蔭樹木，咖啡農人同時也有助於降低大氣的二氧化碳含量。[136] 若是目前占地約為 310 萬公頃的全日照咖啡種植能轉換為稀疏遮蔭，將能從大氣封存 160 億公噸的二氧化碳。[137]

行動二：當氣候持續變暖，創造新栽培種

阿拉比卡傳統栽培種都無法完全抵抗第四章提到的所有病原體，不過，這些品種的風味絕佳，精品咖啡市場依舊鼓勵咖啡農人種植。維護傳統栽培種的關鍵，就是讓其生長環境接近原產地衣索比亞雲霧林的氣候。哥倫比亞農藝學家李奧納多·亨奧建議，若是想要種植阿拉比卡傳統栽培種，須確保咖啡園氣候落在氣溫 17 〜 21℃。

在現有文獻中，所有研究皆指出遮蔭能有效降低溫度。[138] 不過，遮蔭的效果依舊有限：相較於全日照咖啡樹的溫度，在提高產量的最佳遮蔭比例 45% 中，外層葉片的溫度也僅降低了 2℃。[139]

133 Vaast, P.; Harmand, J. M.; Rapidel, B. et al. (2016). Coffee and cocoa production in agroforestry - A climate-smart agriculture model. In: Torquebiau, E. (ed.) *Climate change and agriculture worldwide*. Springer. doi. org/10.1007/978-94-017-7462-8_16

134 Jha et al. (2014).

135 Vaast et al. (2016).

136 Jha et al. (2014).

137 同上，採用 2010 年的聯合國糧食及農業組織數據。

138 ha et al. (2014).

139 Vaast et al. (2016).

賴比瑞亞咖啡（*Coffea liberica*），攝影師：亞瑟・克里斯坦森（Asser Christensen）。

咖啡物種與雜交種

　　由於近期感官科學的進展，世界咖啡研究組織等育種機構，對於藝伎等阿拉比卡重要品種的風味潛力有了更多認識。賴比瑞亞等能夠承受 40℃高溫的物種，其實攜帶了部分源自藝伎品種的基因，而藝伎正是以驚人花香而聞名。[140] 目前，許多咖啡樹育種者依舊難以取得育種所需的原種。在全球 19 座基因庫中，唯有位於哥斯大黎加的熱帶農業研究與高等教育中心（Tropical Agricultural Research and Higher Education Center，CATIE），建立了與育種者共享資料庫的協議（詳情請見第 158 頁漢娜・紐斯旺德的訪談）。[141]

　　咖啡原種必須以活體植物保存，因為儲存於種子銀行的咖啡種子存活時間往往不會超過數年。不幸的是，許多咖啡基因庫的現況都處於半荒廢。世界咖啡研究組織已與熱帶農業研究與高等教育中心合作，該中心存有超過 1,000 種獨特的野生咖啡品種基因資料（accessions）。基因資料是一種獨特且可辨識的種子樣本，能代表一個栽培種、育種系列或群體，且庫存可供保存與使用。

　　雖然熱帶農業研究與高等教育中心保存了衣索比亞境外的大部分阿拉比卡咖啡原種，但近期針對其保存進行的基因定序顯示多樣性遠低於預期。整體保存的基因多樣性約有 90% 僅代表了 100 個品種。即便如此，這依舊是未來培育出更優質品種所不可欠缺的重要基因資料。感謝世界咖啡研究組織、熱帶農業研究與高等教育中心，以及作物多樣性倡導組織作物信託（Crop Trust）近期的努力，核心保存資料已經複製了三份，並分別儲存在三座不同的基因庫。[142]

140　Nordic Barista (2013).

141　Bramel, P.; Krishnan, S.; Horna, D. et al. (2017). Global conservation strategy for coffee genetic resources. *Crop Trust and World Coffee Research,* 72.

142　同上。

賴比瑞亞咖啡樹的葉片。攝影師：亞瑟·克里斯坦森。

行動三：當氣候變得過熱，搬遷咖啡園

　　能透過遮蔭數目、覆蓋物、覆蓋作物與灌溉調節的氣候條件，效果有限。當咖啡園的調節手段已經觸及極限，今日唯一明確的應對方式，就是將咖啡園搬遷至氣候風險較低的地區。目前預期將來受氣候影響咖啡生產最為嚴重的地區為低地，也就是咖啡園大多必須搬遷至海拔較高的「上坡」。氣候模型可估算特定地區的「上坡潛力」。

　　許多國家（包括多個東南亞國家）的上坡潛力，可能會進入從未開墾成農業用途的森林地區。即使採用農林業模式，也可能破壞生物多樣性。[143] 在眾多土地利用的類型中，遮蔭種植已證實能在土壤保留較多碳，以及為地面上帶來更高的生質量（biomass）。一項墨西哥的研究發現，以小型熱帶耐旱的印加屬樹木遮蔭的有機咖啡樹，能為土壤與地面上維持更高的碳儲量，效率幾乎與附近森林地區相當。[144]

　　下圖描繪的是 1990 ～ 2070 年的八十年之間，衣索比亞預期將失去 41% 可用農地。幸運的是，該國農業搬遷至較高海拔的潛力良好。

資料來源：Davis (2013)。

143　hilpott, S. M.; Arendt, W. J.; Armbrecht, I. et al. (2008). Biodiversity loss in Latin American coffee landscapes: Review of the evidence on ants, birds, and trees. *Conservation Biology 22*(5). doi. org/10.1111/j.1523-1739.2008.01029-x

144　Soto-Pinto, L.; Anzueto, M.: Mendoza et al. (2010). Carbon sequestration through agroforestry in indigenous communities of Chiapas, Mexico. *Agroforestry Systems 78*(39). doi. org/10.1007/10457-009-9247-5

14,300 km²
66,100 km²
2010 - 2039

12,900 km²
58,900 km²
2040 - 2069

11,200 km²
51,300 km²
2070 - 2099

資料來源：Davis (2013)。

　　根據戴維斯，若是連同上坡潛力的因素一同整合評估，衣索比亞預期整體農業潛力將是下滑 22%，而非 41%。上方圖表的大型圓圈為衣索比亞規模可觀的上坡潛力。對於最古老的咖啡產國而言，實是令人欣慰的消息。

結語

　　咖啡風土是多麼令人興奮且有趣的研究主題。然而，我們能從上一章看到了咖啡產業對於未來的恐懼與不確定。而許多咖啡師也紛紛希望一同在應對全球氣候變遷方面努力。

　　當我們仔細一一檢視咖啡供應鏈各個導致溫室氣體排放的環節，將發現其中一項環節占有整體超過 45% 的總排放量。各位猜得到是哪個環節嗎？提示：不是種植、後製處理或運輸，也不是卡車運送、烘豆，甚至不是包裝。咖啡生產總碳足跡的 45% 其實來自沖煮咖啡！

　　加熱水是一個必須消耗能量的過程。咖啡師能立刻做出降低咖啡碳足跡的改善，就是減少不必要的熱水使用量。可以選用品質更好且效率更高的機器；咖啡加熱設備的隔熱應成為標準措施。

　　不過，能貢獻最大影響的是廣泛使用再生能源，包括太陽、風力與地熱等能源。使用這類再生能源，各位咖啡師便有助於保護傳統咖啡產國的多元與迷人風土。

153

專有名詞

農林業（Agroforestry）：同時包含種植樹木以及與之相關的食物與畜牧作物的土地管理。

農藝學家（Agronomist）：土壤管理與作物生產科學方面的專家。

農藝學（Agronomy）：農業科學中，生產與使用植物而創造食物、燃料、纖維與重建土地的科學與技術。

年缺水量（Annual water deficit）：一年中植物受到乾旱壓力的指數。缺水量為降雨量與蒸發量（植物與土壤的水分散失至大氣）的差值。

葉腋（Axil）：分枝或葉片與生長枝軸之間的夾角。

呼吸作用（Cellular respiration）：細胞分解葡萄糖並釋放儲存能量的過程。

葉綠素（Chlorophyll）：植物體內的一種綠色物質，能讓植物利用太陽光的能量成長。

預防措施（Control，化學物質）：除草劑、殺蟲劑、殺菌劑等用來消除或限制病原體（動植物傳染病）生長的物質。

覆蓋作物（Cover crop）：生長快速的作物，用於阻絕雜草生長、防治土壤流失、增加土壤養分並提供有機物質。

栽培種（Cultivar）：一個作物的類型，為「國際栽培植物命名規則」（International Code of Nomenclature for Cultivated Plants）的最小分類單位；為經由選擇培育耕作方式產生的植物品種。

核果（Drupe）：擁有肉質果肉與中心堅硬的果核（也稱為核），其中含有種子。

生態衰減（Eco-decay）：土地由森林轉變成農地所帶來的影響，造成植物與動物棲息地破碎，並導致許多物種滅絕。

胚（Embryo）：具潛力成長為一株新植物的種子；在咖啡種子內，胚位於尖端。

排放物清單（Emission inventory）：特定地理區域的溫室氣體排放量。

胚乳（Endosperm）：由半纖維素組成的厚實細胞壁，可儲存食物；這就是我們視為咖啡豆的部分（除去胚）。

真菌（Fungus）：一種生物，包括酵母菌、黴菌與菇，能以單一菌絲或多細胞體存活。

基因型（Genotype）：DNA 之化學組成產生的表現型；也就是決定了特定性狀的基因密碼。

全球環流模式（Global circulation model，GCM）：一個用來模擬氣候的工具。

葡萄糖（Glucose）：單糖，是主要的能量來源。

花序（Inflorescence）：分枝上的一簇花朵。

節間（Internode）：節之間的植物莖部分。

地方品種（Landrace）：因傳統使用與天擇適應某種風土的傳統品種。

淋溶（Leaching）：可溶解養分從土壤流失，通常由於強降雨，以及土壤植物覆蓋程度低。

限制養分（Limiting nutrient）：當一種養分缺乏或完全沒有，會導致生態系統某種生物的生長限制。

多量養分（Macronutrient）：對生物生長與健康必要且需求相對大量的化學元素或物質。

中果皮（Mesocarp）：果皮與果肉之間光滑且厚實的果肉層。

微量養分（Micronutrient）：對生物生長與健康必要且需求相對微量的化學元素或物質。

覆蓋物（Mulch）：一種鋪展在地面的保護性覆蓋物，有助減少蒸散、保持土壤溫度平均、防止侵蝕、控制雜草、豐富土壤或保持果實乾淨。

線蟲（Nematode）：任何生物分類門之下細長圓柱狀的蠕蟲，能在動物或植物體內寄生，或生活在土壤或水中。

黏綿土（Nitisol/Nitosol）：深紅色且排水性良好的土壤，黏土含量超過 30%，具土壤顆粒互相黏結的團塊結構。

結節（Node）：莖的一部分，葉片與果實便由此處生長出來。

胞器（Organelle）：細胞內的特殊構造，如葉綠體。

病原體（Pathogen）：引發疾病的病毒、細菌或真菌。

圓豆（Peaberry）：一種咖啡豆，咖啡果實中僅有一個子房生長出僅一顆咖啡豆。

果皮（Pericarp）：果實的皮。

表型（Phenotype）：生物可見的特徵，由生物的基因型與風土交互作用形成。

光合作用（Photosynthesis）：植物使用水與二氧化碳產出食物、成長與釋放出氧氣的過程。

生理學（Physiology）：一門研究植物不同部位有何功能的科學。

核（Pyrene）：核果的核，由種子周圍的堅硬內果皮層形成。

銀皮（Silverskin）：包裹胚珠的薄層，烘豆師稱之為「chaff」（意為穀殼）。

氣孔（Stomata）：可以開關的孔洞，能讓葉片的氣體與水氣進出。

截幹（Stumping）：為促進新的萌蘗生成，而將樹木直接截斷至貼近地面的根部；萌蘗可促進生成新的樹幹。

萌蘗（Sucker）：從植物根部或下部主要莖快速生長的主幹。

分類學（Taxonomy）：假設生物彼此擁有自然的關係，而建立的植物與動物有序分類。

風土（Terroir）：土地與農地環境的特性。

葉綠層（Thylakoid）：盤狀膜囊，其中包含產生光合作用之光反應的葉綠素。

上坡潛力（Upslope potential）：作物搬遷至山坡較高處的成功機會。

致謝

咖啡農人、農藝學家，以及其他業界專家與研究學者，皆慷慨無私地分享他們看待風土的專業知識與洞見。我們非常榮幸能以本書向各位分享我們之間的部分對話，然而，依舊有些東西沒有化為文字，那是豐厚的分享文化，也是第三波精品咖啡的象徵。自 1990 年代末精品咖啡運動興起，業界前輩們一直緊守著一項共有的重要原則──「一起把餅做大，而不是分到比較大塊的餅」，他們盡力向最多人分享精品咖啡的體驗，同時試著協助確保咖啡脆弱的風土得以保護。

我們希望特別感謝格圖‧貝寇爾（Getu Bekele）、威廉‧布特（Willem Boot）、格拉西亞諾‧克魯茲（Graciano Cruz）、瑪塔‧道耳吞（Marta Dalton）、李奧納多‧亨奧（Leonardo Henao）、安娜貝拉‧曼尼希斯（Anabella Meneses）、漢娜‧紐斯旺德（Hanna Neuschwander）、路茲‧羅伯托‧桑塔哈（Luiz Roberto Saldanha）與提姆‧溫德伯（Tim Wendelboe），他們都是業界遵守此原則的典範。其他雖未引用於本書，但依舊大方分享時間的包括 Steven Abbott 教授、Gwilym Davies、Mette-Marie Hansen、Toby Harrison、Nadine Rasch 與 Jessica Sartiani。

直到這項風土計畫啟動之前，Barista Hustle 從未如此深入科學領域與農業文化。而每當我們提出疑問，咖啡界總有人以開放的耳朵，挽起袖子的雙手回應。

索引

13 劃

15 劃

本書資料更新與額外資訊

掃描 QR code 可見完整參考書目、即時更新，以及更多額外資訊。

www.baristahustle.com/terroir-book-extra

VV0129

咖啡風土學：從種子到果實，一顆咖啡豆的誕生

原 書 名／TERROIR: Coffee from Seed to Harvest

作　　　者／傑瑞米・查倫德（Jem Challender）
譯　　　者／魏嘉儀

出　　　版／積木文化
總 編 輯／江家華
責 任 編 輯／關天林
版 權 行 政／沈家心
行 銷 業 務／陳紫晴、羅伃伶

發 行 人／何飛鵬
事業群總經理／謝至平
　　　　　　城邦文化出版事業股份有限公司
　　　　　　台北市南港區昆陽街 16 號 4 樓
　　　　　　電話：886-2-2500-0888　傳真：886-2-2500-1951

發　　　行／英屬蓋曼群島商家庭傳媒股份有限公司城邦分公司
　　　　　　台北市南港區昆陽街 16 號 8 樓
　　　　　　客服專線：02-25007718；02-25007719
　　　　　　24 小時傳真專線：02-25001990；02-25001991
　　　　　　服務時間：週一至週五 09:30-12:00、下午 13:30-17:00
　　　　　　劃撥帳號：19863813 戶名：書虫股份有限公司
　　　　　　讀者服務信箱：service@readingclub.com.tw
　　　　　　城邦網址：http://www.cite.com.tw

香港發行所／城邦（香港）出版集團有限公司
　　　　　　香港九龍土瓜灣土瓜灣道 86 號順聯工業大廈 6 樓 A 室
　　　　　　電話：852-25086231　傳真：852-25789337
　　　　　　電子信箱：hkcite@biznetvigator.com

新馬發行所／城邦（馬新）出版集團 Cite (M) Sdn Bhd
　　　　　　41, Jalan Radin Anum, Bandar Baru Sri Petaling, 57000 Kuala Lumpur, Malaysia.
　　　　　　電話：603-90563833　傳真：603-90576622
　　　　　　電子信箱：services@cite.my

封 面 設 計／黃祺芸
內 頁 排 版／薛美惠
製 版 印 刷／上晴彩色印刷製版有限公司

【印刷版】
2024 年 11 月 5 日　初版一刷
售　價／NT$ 599
ISBN　9789864596249

Printed in Taiwan.
有著作權・侵害必究

國家圖書館出版品預行編目 (CIP) 資料

咖啡風土學：從種子到果實，一顆咖啡豆的誕生/傑瑞米.查倫德(Jem
Challender) 著；魏嘉儀譯. -- 初版. -- 臺北市：積木文化，城邦文化
出版事業股份有限公司出版：英屬蓋曼群島商家庭傳媒股份有限
公司城邦分公司發行, 2024.11
　面；　公分. -- （VV0129）
譯自：Terroir : coffee from seed to harvest
　　ISBN 978-986-459-624-9（平裝）

1.CST: 咖啡 2.CST: 栽培

434.183　　　　　　　　　　　　　　　　113013633